JN027263

海岸工学

よくわかる海岸と港湾

柴山知也／編著

髙木泰士・鈴木崇之・三上貴仁・髙畠知行・中村亮太・松丸亮／共著

森北出版株式会社

●本書のサポート情報を当社Webサイトに掲載する場合があります.
下記のURLにアクセスし，サポートの案内をご覧ください.

https://www.morikita.co.jp/support/

●本書の内容に関するご質問は，森北出版 出版部「(書名を明記)」係宛
に書面にて，もしくは下記のe-mailアドレスまでお願いします．なお，
電話でのご質問には応じかねますので，あらかじめご了承ください.

editor@morikita.co.jp

●本書により得られた情報の使用から生じるいかなる損害についても，
当社および本書の著者は責任を負わないものとします.

■本書に記載している製品名，商標および登録商標は，各権利者に帰属
します.

■本書を無断で複写複製（電子化を含む）することは，著作権法上での
例外を除き，禁じられています．複写される場合は，そのつど事前に
(一社)出版者著作権管理機構（電話03-5244-5088，FAX03-5244-5089,
e-mail:info@jcopy.or.jp）の許諾を得てください．また本書を代行業者
等の第三者に依頼してスキャンやデジタル化することは，たとえ個人や
家庭内での利用であっても一切認められておりません.

はじめに

　海岸工学においては，海岸における波浪の近代工学的な検討は，第二次世界大戦中の連合国軍による 1944 年のノルマンジー上陸作戦の時に始まるとされ，その歴史は 80 年弱と比較的短いといわれています．一方で，港を作る土木工学（港湾工学）はずっと古く，有史以来の港の建設を始まりとしています．1939 年に発刊された「帝国大学大観」を見ると，東京帝国大学をはじめとするいくつもの大学で「港湾」の科目がすでに設置されています．これらの経過を考えると，海岸工学の歴史を，港の建設を目的とした土木工学の中の施設別の分野が，次第に波動力学，流体力学などの古典力学を取り入れて精緻な検討ができるように発展してきた過程であると捉えることもできます．

　本書は，大学の土木工学分野の専門教育教育のための教科書として作成されており，水理学，流体力学の知識を前提として書かれています．学修する皆さんから見れば，小学校以来 15 年近く続けてきた算数，理科，数学，物理，力学などの知識がいよいよ海における具体的な施設作りにかかわる工学へと応用する段階に至ったということです．人間活動を海岸から沿岸域，海洋へと広げていくために必要な工学をしっかりと学んでください．狭い意味での海岸工学にとらわれることなく，港湾の建設についても学ぶために，第 4 章で港の施設について記述してあります．

　本書では，図を多く用いた詳細な説明の間に，読者の理解を助けるために例題とその解を本文内に示し，各章末に演習問題，さらに巻末に演習問題の解を付してあります．工学分野では具体的に問題の解を得られることを求めますが，この能力を得るためには芸術分野における習作のように，例題，演習問題を解いて解き方を実感することが最も効果的です．問題を解いてみることをおろそかにしないように心がけてください．

　また，本文では記述しきれなかった，海岸工学で用いる流体力学の概要，海の波の基礎理論である微小振幅波理論の詳細な導出過程，海岸工学を学ぶ人が覚えておくべきもっとも基礎的な事項などを付録として収録しています．これらは海岸工学を深く理解し，さらに実際に使っていくために有用な事項です．

　本書を用いて学ぶことによって，読者の皆さんが海にかかわる工学的諸問題に自ら対処できるようになることを願っています．「海洋立国日本」といわれるように，日本の将来は海の利用と保全にかかっているのです．

2021 年 3 月　　　　　　　　　　　　　　　　　　　　　　　　　　　　　　著者

目　次

序 海岸工学で何を学ぶか

off　海岸とは，陸と海の境界線のある場所を指します．そこは海の波のエネルギーが乱流に変換される特別な領域で，砕波や海浜流などの海岸に特有の物理現象が引き起こされます．一方で，港湾施設が建設されたり，地域社会が生産やレジャー活動で活発に海岸の空間を利用しているため，人間活動を支えるための多くの工学的な問題が発生することになります．この領域では，海面を吹き抜ける風によって造られる**風波**が物理現象の主要な起動力となります．

　歴史的には，安全な港を築くことが最初に土木技術者に与えられた任務でした．古代ギリシャの時代から地中海では海運が活発で，海上交通の要となる港を築くことが必要となりました．その後の長い人類の発展の歴史の中で，**海運**とともに港の建設もその歩みを続けてきたといえます．

　近代に至って，明治時代以降の日本の**産業化**の過程の中で生起し，次第に深刻な問題となった海岸侵食への対応，湾内などの閉鎖性水域の富栄養化を原因とする水質の悪化の問題，津波や高潮，高波などが引き起こす沿岸災害への対応など，海岸工学が対応するべき分野は次々と拡大してきました．それに伴って，海岸工学はその内容を充実させてきたといえます．

　一方で，海の波の挙動を観察することは，**日本文化**の中にも古くから根づいています．京都・龍安寺の石庭に行ってみましょう．表現されているのは15の島（小さな島を含めて五つの群島に分かれています）と，その周辺での波の挙動です．遠くの海で風によって造られ，うねりとして伝播してきた波が，島とその周辺の海底地形によって反射や，屈折，回折している様子が，砂の造形によって表現されています．作庭記[†]によれば，日本庭園における池は海を表現したもので，沖に浮かぶ島，海岸を形成している州浜などの表現が随所に見られます．このことは，伝統的にも海岸の波の風景が，日本人の自然現象の観察の大きな要素であったことを示しています．

　海岸工学の基礎は，波の挙動を理解することから始まります．海の波の挙動は流体力学の枠組みを用いて分析します．流体力学を含む**古典力学**のパラダイムでは，四つの手続きを踏んで力学現象を分析し，その予測をします．

---

　† 平安時代に成立した日本式の庭園を造るための指導書．江戸時代以降に広く知られることとなった．

1) 自然現象を観察し，その変化の状況を数式で表します．時間的な変化や場所的な変化に着目して観察することが多いため，得られる数式は多くの場合，時間や場所に関する偏微分方程式となります．

2) 得られた微分方程式の解を求めます．一般に偏微分方程式の連立系を解くことは困難なため，特別な条件の下で単純化して微分方程式を線形化したり，摂動法を用いて級数解を求めるなどの工夫をする必要があります．

3) 数式の解を，水理実験や現地での計測結果と比較して，解の有効性を解析し，有効であることとその限界を確かめます．

4) 上記で有効性を確認した数式を用いて，力学現象を予測します．式を用いた算定結果で外力の予測を行い，構造物の設計や環境条件の将来予測を行います．

　波の挙動を説明するための支配方程式は，方程式が**非線形の偏微分方程式**の連立系となるために初学者が容易に解くことはできません．この点が，海岸工学を難しく見せている原因の一つですが，本書ではその障害を取り除くように，式の誘導の部分を巻末の付録 B に移し，初学者が全体像を理解することを妨げないように工夫を凝らしています．

　高校の物理で波動を勉強した人は，海の波も波動の一つの例であることに気がつくかもしれません．高校の物理では音や光などを例として解説していることが多いために，波動としての共通の性質には容易には気がつかないかもしれません．しかし，屈折，回折や反射などの現象が生じる基本的な原理は共通であり，同じ法則に従っています．

　近年では，地球全体の**気候の変動**により，海岸工学の分野でも大きな変動が起こっています．日本列島近傍では，海水面の温度の上昇が顕著で，しかも常態化していて，来襲する台風の挙動がこの 10 年ほどの間にも大きく変化しています．台風の急速な発達や停滞の影響で，高潮や高波による沿岸災害が激甚化しており，このような変動はカリブ海やインド洋でも報告されています．また，東海・東南海・南海地震や首都直下型地震による津波の来襲も危惧されています．一方で地球全体を見渡すと，**北極海**の変化が顕著です．これまでは氷の閉ざされる期間が長く，その間は大きな波が発生することがなかったのですが，温暖化によって，結氷の範囲や期間が減少し，風波の発生が促進されて，海岸侵食という深刻な問題が新たに発生しつつあります．

　海岸は，上記のように，古くからある工学的な問題に加えて，温暖化への対応や海域環境の保全など新たな問題に直面しています．これらの問題に対処できる研究と技術の発展が必要です．

Column　私たちと海岸，海岸工学

　みなさんは海岸というとどういうイメージをもつでしょうか？

　この本で海岸工学を学ぼうとしている人の多くは，海水浴や潮干狩り，磯遊びや釣りなど，海岸での遊びを経験していると思います．三保の松原や天橋立，鳥取砂丘や東尋坊などの景勝地に行かれたことがある人も多いと思いますし，近年では，お台場やみなとみらいなどに代表されるようなウォーターフロント開発の拠点ともなっています．このように海岸は，観光やレジャーの場所として楽しい時間を提供してくれる場所ですが，時には，高波や高潮，津波といった沿岸域の災害が発生する場所にもなります．また，港湾施設や工場・倉庫など人々の社会生活に欠かせない施設が立地する場所でもあります．

　このように，海岸は人々の生活や経済活動と密接な関係にもある場所であるため，時として人々の生活や経済活動の影響を大きく受けることになります．たとえば，防波堤の建設や港湾施設の建設といった直接的な海岸の改変などのほかにも，長い年月をかけて進行した社会の変化の結果としての海岸侵食や海岸の環境変化などが挙げられます．

　海岸工学は，海岸付近の水や底質の挙動を流体力学・水理学を基礎理論として理解することで，海岸が抱える様々な課題の解を提示するための学問分野です．「工学」と称しているように，海岸工学が抱える課題は社会とともに変化をしていきます．海岸工学を学ぼうとしているみなさんは，将来，様々な立場で海岸が抱える社会問題の解決に取り組むことになるのでしょうが，その基礎としてぜひ本書で海岸工学をきちんと理解してほしいと思います．

1 海岸・沿岸域での力学現象

　海と陸が接している場所一帯を指す言葉として，海岸や沿岸域という用語があります．この海岸・沿岸域を対象とした学問分野である海岸工学では，波や流れといった海岸・沿岸域で生じている様々な力学現象を理解することが基礎になっています．本章では，最初に，代表的な現象である風による波を取り上げて，その理論的な扱い方と基本的な特徴について説明したうえで，風の条件からその風によって生じる波を求める際の考え方についても説明します．次に，その風による波がやってくることで引き起こされる種々の現象について説明します．最後に，風による波とは異なる，ゆっくりとした海面の変動の代表である潮汐と副振動について説明します．

1.1　風による波と波の種類

　海岸工学の中で扱う最も重要な現象の一つが，風によって生じ，海岸へやってくる波です．港の建設や維持，あるいは，高波や海岸侵食から海岸を守るための方策の考案のためには，それぞれの地点で，風によってどのような波がやってくるのかを把握できるようにする必要があります．本節では，まず，この風による波を含む海の波の種類について説明します．

1.1.1　海の波の種類

　海岸を訪れると，砂浜に寄せては返す波の様子を見ることができます．海の波と聞くと，多くの人はこのような波を思い浮かべるのではないでしょうか．これらの波の多くは，海上で吹いている風によって生じた水面の小さな変動が，風からエネルギーを受けて，やがてより大きな波へと成長し，その後，洋上を伝わってはるばるやってきたものです．

　海上で吹いている風の下にあり，風からエネルギーを受けて成長している波のことを風波（かぜなみ）（wind wave，または風浪）とよび，成長し風が吹いている場所から抜け出して洋上を進んでいる波のことをうねり（swell，または風波（ふうは））とよびます．実際の海では，風波とうねりが重なり合っており，両者を合わせて波浪とよんでいます．この風による波である波浪が，海岸工学で扱う主たる波になります．

砂浜に打ち寄せる波を長い時間見ていると，波が打ち寄せる場所が遠ざかったり，あるいは，近づいてきたりという様子も見ることができます．海の波を広く海面の上下の変動全般と捉えると，波浪だけではなく，より長い時間にわたる変動もあることがわかります．海面の変動を，様々な周期をもつ波が重ね合わされたものと考え，それぞれの周期の波がどれくらいのエネルギーをもっているかを概略的に示すと，図 1.1 のようになります．この図を基に，どのような波が海に存在するのか見てみましょう．

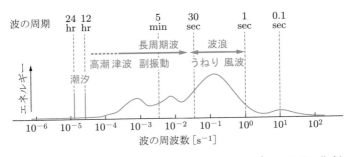

図 1.1　海の波のエネルギー分布の概略図（Kinsman[1] の図を基に作成）

風による波である波浪の周期は，おおむね数秒から数十秒程度であり，図を見ると，このあたりの周期の波が相対的に大きなエネルギーをもっていることがわかります．周期が 12 時間と 24 時間の部分にも局所的なピークが見られますが，これは地球と月の運動や，太陽も含めたこれらの位置関係に応じて生じる**潮汐**（tide）によるものです（潮汐 ▶ 1.7 節で詳しく説明します）．周期が数十秒以上の波は**長周期波**（long period wave）とよばれ，潮汐以外の代表的なものとしては，地震などによって生じる**津波**（tsunami）や台風などの接近に伴って生じる**高潮**（storm surge）があります（津波と高潮 ▶ 2 章で詳しく説明します）．津波や高潮は，大きな災害を引き起こすこともある波ですが，波浪や潮汐のように日々生じているものではなく，また，発生要因や発生場所によって周期が異なるため，これらの波の周期である数分から数時間の部分には波浪ほど大きなピークは見られません．それ以外の長周期波としては，湾や港の形状に応じて生じる数十分程度の周期をもつ海面の変動である**副振動**（secondary oscillation）があります（副振動 ▶ 1.7 節で詳しく説明します）．

1.1.2　不規則な波と規則的な波

実際に海岸にやってくる波浪は，一つひとつの大きさやその時間間隔が異なる不規則な波（**不規則波**，irregular waves または random waves）です．そのため，厳密にいえば，海の波は不規則な波として扱う必要がありますが，理論的に考える際には，大

きさや時間間隔が一定の規則的な波（**規則波**，regular waves または periodic waves）あるいは規則的な波を重ね合わせてできる海面の変動として扱います．

図 1.2 に，一定の方向に進んでいる規則波の特徴を表す物理量を示します．波の最も高い部分と最も低い部分はそれぞれ**波の峰**（wave crest）と**波の谷**（wave trough）とよばれます．波の峰と谷の高さの差は**波高**（wave height）とよばれ，H で表されます．隣り合う波の峰と峰（あるいは谷と谷）の間の距離は**波長**（wave length）とよばれ，L で表されます．ある地点で規則波の時間的変化を観察したとき，波の峰（谷）がやってきてから次の峰（谷）がやってくるまでにかかる時間は**周期**（wave period）とよばれ，T で表されます．波の進む速度は**波速**（wave celerity）とよばれ，C で表されます．波長，周期，波速の間には，$C = L/T$ の関係があります．水深は h で表され，波がない静水状態での深さ（静水深）が用いられます．

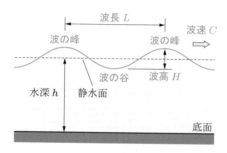

図 1.2　規則波の特徴を表す物理量

これらのほかに，海岸工学では，波高を波長で割った値（H/L）である**波形勾配**（wave steepness）や，水深を波長で割った値（h/L）である**相対水深**（relative water depth），波高を水深で割った値（H/h）である**相対波高**（relative wave height）といった無次元量も，波の特徴に関する物理量としてよく用いられます．

後述するように，波長が短い場合，波による水の運動が及ぶ範囲は水面付近に限られますが，波長が長い場合あるいは波が浅い海域に進んできた場合，その運動は底面にまで及び，底面の影響を受けるようになります．水深が深い海域から浅い海域までを広く対象とする海岸工学では，波長に対する水深の比である相対水深の大小によって波を分類し，底面の影響を受ける波とそうでない波を分けて考えます．相対水深がおおむね 1/2 より大きい場合の波は，**深海波**（deep water wave）とよばれます．深海波に分類される波は，底面の影響を受けません．相対水深がおおむね 1/25～1/20 より小さい場合の波は，**長波**（long wave）または**極浅海波**（very shallow water wave）とよばれます．長波に分類される波は，底面の影響を大きく受けます．深海波と長波

の間に分類される波は，**浅海波**（shallow water wave）とよばれます†.

例題 1.1 水深 $h = 10\,\mathrm{m}$ の地点において深海波に分類される波の波長 L の条件を求めなさい.

解答 相対水深 h/L が $1/2$ より大きい波が深海波に分類されるので，この地点においては，波長 L が $20\,\mathrm{m}$ より小さい波が深海波に分類されます.

海の波を規則波として理論的に扱う際には，三角関数が用いられます. x の正方向に進む波高 H，波長 L，周期 T の規則波の波形は，三角関数を用いて位置 x と時間 t の関数として，次式で表されます.

$$\eta = \frac{H}{2}\cos\left(\frac{2\pi}{L}x - \frac{2\pi}{T}t\right) = \frac{H}{2}\cos(kx - \sigma t) = a\cos(kx - \sigma t) \tag{1.1}$$

ここで，η は静水面からの水面の鉛直変動量です. $k = 2\pi/L$，$\sigma = 2\pi/T$，$a = H/2$ は，それぞれ，**波数**（wave number），**角周波数**（angular frequency），**振幅**（wave amplitude）とよばれます. 波数 k と角周波数 σ を用いると，波速は $C = \sigma/k$ と表されます. x の負方向に進む場合の波形は，次式で表されます.

$$\eta = \frac{H}{2}\cos\left(\frac{2\pi}{L}x + \frac{2\pi}{T}t\right) = \frac{H}{2}\cos(kx + \sigma t) = a\cos(kx + \sigma t) \tag{1.2}$$

1.2 微小振幅波理論

海の波の運動の理論的な扱いとして基本となるのは，**微小振幅波理論**（small amplitude wave theory）です. この理論は，振幅が小さく穏やかな規則波の運動を対象として展開した理論ですが，実際にはそのような波だけでなく，観測や実験で見られる波の運動の性質を広く説明することができ，波の運動の基本的な性質の理解や波の運動の予測の大きな助けになります. 数学的にいえば，運動の基礎方程式と境界条件に含まれる非線形項を無視できるとして線形化することで解いていくので，**線形波理論**（linear wave theroy）とよばれることがあります. また，イギリスの数学者・天文学者エアリー（G.B. Airy）によってその考え方が最初に発表されたことから，**エアリー波理論**（Airy wave theory）とよばれることもあります. 本節では，微小振幅波理論の考え方について説明します.

---

† 相対水深がおおむね $1/2$ より小さい場合の波は底面の影響を受けるので，これを総称して浅海波とよぶ場合もあります.

1.2.1 波の運動の基礎方程式と境界条件

　一定の方向に進む規則波を対象として，その運動の基礎方程式と境界条件について考えてみましょう．ここで考える運動は，非圧縮性非粘性流体の**非回転運動**（渦なし運動，irrotational motion）とします．圧縮性とは，密度が変化する性質のことを指し，粘性とは，流体内や流体と固体の間で速度差に伴うせん断力が作用する性質のことを指します．波の運動では，多くの場合，この圧縮性や粘性が無視できるとしても問題ありません．非回転運動とは，流体内の至るところで，流体の微小な要素が回転を起こすような流速場になっていない運動のことです．非回転運動であるとすると，後述するように，流速の各方向成分のかわりに**速度ポテンシャル**（velocity potential）を用いることができ（そのため，非回転運動はポテンシャル流れともよばれます），未知関数を減らすことができます（流体の運動の基礎方程式 ▶ 付録 A 参照）．

　まずは，基礎方程式について考えてみましょう．図 1.3 のように，一定の水深 h の水面を規則波が進んでいるとして，静水面上の波が進む方向に x 軸，それと垂直な図の奥行き方向に y 軸，鉛直上向きに z 軸をとります．非圧縮性非粘性流体の運動の基礎方程式は，質量保存則から導かれる**連続式**（equation of continuity）と，ニュートンの運動の第 2 法則から導かれる流体力学における**運動方程式**（equation of motion）からなります．これらは 3 次元の運動の方程式ですが，ここでは波は x 方向に進んでおり，静水面上でそれと垂直な y 方向には波の運動は変化していないため，考える基礎方程式はこれらの式から y に関する微分の項を取り除いたものになります．したがって，連続式は，

$$\frac{\partial u}{\partial x} + \frac{\partial w}{\partial z} = 0 \tag{1.3}$$

となり，運動方程式は，

$$\frac{\partial u}{\partial t} + u\frac{\partial u}{\partial x} + w\frac{\partial u}{\partial z} = -\frac{1}{\rho}\frac{\partial p}{\partial x} \tag{1.4}$$

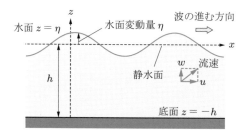

図 1.3　座標軸と物理量の設定

$$\frac{\partial w}{\partial t} + u\frac{\partial w}{\partial x} + w\frac{\partial w}{\partial z} = -g - \frac{1}{\rho}\frac{\partial p}{\partial z} \tag{1.5}$$

となります. ここで, u, w は流速の x 方向, z 方向成分, p は圧力, ρ は密度, g は重力加速度です.

さらに, 非回転運動であることを踏まえて, 速度ポテンシャル ϕ を導入します. 速度ポテンシャル ϕ を用いると, 流速 u と w はそれぞれ,

$$u = \frac{\partial \phi}{\partial x} \tag{1.6}$$

$$w = \frac{\partial \phi}{\partial z} \tag{1.7}$$

と表されるので, これらを式 (1.3)〜(1.5) に代入して整理すると, 次の 2 式が得られます.

$$\frac{\partial^2 \phi}{\partial x^2} + \frac{\partial^2 \phi}{\partial z^2} = 0 \tag{1.8}$$

$$\frac{\partial \phi}{\partial t} + \frac{1}{2}\left\{\left(\frac{\partial \phi}{\partial x}\right)^2 + \left(\frac{\partial \phi}{\partial z}\right)^2\right\} + \frac{p}{\rho} + gz = 0 \tag{1.9}$$

式 (1.8) は, 2 次元のラプラス方程式になっています. 式 (1.9) は, 圧力に関する式であるため, 圧力方程式とよばれることがあります.

次に, 境界条件について考えてみましょう. 波の運動の境界としては水面と底面があり, 波による水面の鉛直変動量を η, 水深を h とすると, 水面は $z = \eta$, 底面は $z = -h$ と表されます. これらの境界で合わせて三つの条件を考える必要があります.

一つ目は, 水面において, 圧力が大気圧に等しい (すなわち $p = 0$) という条件です. この条件は, 水面における力学的条件とよばれ, 式 (1.9) を用いて次のように表されます.

$$z = \eta \text{ において} \quad \frac{\partial \phi}{\partial t} + \frac{1}{2}\left\{\left(\frac{\partial \phi}{\partial x}\right)^2 + \left(\frac{\partial \phi}{\partial z}\right)^2\right\} + g\eta = 0 \tag{1.10}$$

二つ目は, 水面において, 水面の変動と水面にある水粒子の運動が一致するという条件です. この条件は, 水面における運動学的条件とよばれ, 次のように表されます.

$$z = \eta \text{ において} \quad \frac{\partial \eta}{\partial t} = \frac{\partial \phi}{\partial z} - \frac{\partial \phi}{\partial x}\frac{\partial \eta}{\partial x} \tag{1.11}$$

三つ目は, 底面において, 底面を横切るような流れが存在しない (すなわち $w = 0$) という条件です. この条件は, 底面における運動学的条件とよばれ, 次のように表されます.

$$z = -h \text{ において} \quad \frac{\partial \phi}{\partial z} = 0 \tag{1.12}$$

1.2.2　微小振幅波理論で用いる仮定

波の運動を理論的に扱うということは，運動の基礎方程式である式 (1.8), (1.9) を，境界条件である式 (1.10)〜(1.12) の下で解く，ということになります．しかし，これらの式の中には，未知関数の積である非線形項が含まれており，これらの存在が式を解析的に解くことを難しくしています．

そこで，微小振幅波理論では，次のような仮定を用いることで，式の中から非線形項を取り除きます．まずは，水面変動量 η が小さいと仮定し，水面が $z = 0$ で表されるとします．次に，波の運動が穏やか，すなわち，流速が小さいと仮定し，流速の 2 乗の項が無視できるとします．さらに，水面勾配 $\partial\eta/\partial x$ も小さいと仮定し，水面勾配と流速の積の項も無視できるとします．これらの仮定を用いると，運動の基礎方程式である式 (1.8), (1.9) は，それぞれ，

$$\frac{\partial^2 \phi}{\partial x^2} + \frac{\partial^2 \phi}{\partial z^2} = 0 \tag{1.13}$$

$$\frac{\partial \phi}{\partial t} + \frac{p}{\rho} + gz = 0 \tag{1.14}$$

となり，境界条件である式 (1.10)〜(1.12) は，それぞれ，

$$z = 0 \,(\text{水面}) \text{ において } \quad \frac{\partial \phi}{\partial t} + g\eta = 0 \tag{1.15}$$

$$z = 0 \,(\text{水面}) \text{ において } \quad \frac{\partial \eta}{\partial t} = \frac{\partial \phi}{\partial z} \tag{1.16}$$

$$z = -h \,(\text{底面}) \text{ において } \quad \frac{\partial \phi}{\partial z} = 0 \tag{1.17}$$

となります．

微小振幅波理論では，水面変動量 η が三角関数を用いた規則波である式 (1.1) で表されるとして，式 (1.13), (1.14) を式 (1.15)〜(1.17) の下で解いていきます（微小振幅波理論の解き方 ▶ 付録 B.1 節参照）.

1.2.3　微小振幅波理論の解と分散関係式

運動の基礎方程式である式 (1.13), (1.14) を境界条件である式 (1.15)〜(1.17) の下で解くと，解として速度ポテンシャル ϕ と圧力 p が得られます．

$$\phi = \frac{gH}{2\sigma} \frac{\cosh k(h+z)}{\cosh kh} \sin(kx - \sigma t) \tag{1.18}$$

$$p = \frac{\rho g H}{2} \frac{\cosh k(h+z)}{\cosh kh} \cos(kx - \sigma t) - \rho gz \tag{1.19}$$

さらに，これらの式に加えて，波の性質を特徴づける次のような式が得られます．

$$\sigma^2 = gk \tanh kh \tag{1.20}$$

式 (1.18)〜(1.20) には，次式で定義される**双曲線関数**（hyperbolic function）が含まれています（双曲線関数 ▶ 付録 B.2 節参照）．

$$\sinh x = \frac{e^x - e^{-x}}{2}, \quad \cosh x = \frac{e^x + e^{-x}}{2}, \quad \tanh x = \frac{\sinh x}{\cosh x} \tag{1.21}$$

　式 (1.20) は，波長が周期と水深によって決まることを示しています．後述するように，水深を固定して式 (1.20) を用いると，周期が大きくなるにつれて波速が大きくなることがわかります．これは，様々な周期の波が，ある瞬間に同じ場所で重なり合っていても，その後それらの波は分散していってしまうことを表しています．そのため，式 (1.20) は**分散関係式**（dispersion relation equation）とよばれます．

1.3　微小振幅波理論からわかる波の運動の性質

　前節において，微小振幅波理論より，速度ポテンシャルと圧力を示す式および分散関係式が得られました．前述したように，微小振幅波理論では様々な仮定を用いていますが，実際に見られる波の運動の性質を広く説明することができます．本節では，微小振幅波理論からわかる波の運動の具体的な性質について説明します．

1.3.1　波長と波速

　分散関係式 (1.20) に含まれている波数と角周波数を，波長と周期で置き換えると，波長と波速を表す式として次式が得られます．

$$L = \frac{gT^2}{2\pi} \tanh \frac{2\pi h}{L} \tag{1.22}$$

$$C = \frac{L}{T} = \frac{gT}{2\pi} \tanh \frac{2\pi h}{L} \tag{1.23}$$

これらの式から，周期と水深が与えられれば，波長と波速を求められることがわかります．図 1.4 に，これらの式から得られる，いくつかの水深における周期と波長の関係，および周期と波速の関係を示します．図より，一定の水深においては，周期が大きいほど波長も波速も大きくなることがわかります．

　式 (1.22) を見ると，式の両辺に波長が含まれており，そのままでは式を解けないことがわかります．そのため，周期と水深から波長を求める際には，近似式を用いた計算や数値計算を行う，あるいは，あらかじめ用意された数値表や算定図から読み取るといった方法がとられます（波長の求め方 ▶ 付録 B.3, B.4 節参照）．

　波長と周期の式である式 (1.22), (1.23) には，$\tanh(2\pi h/L)$ という双曲線関数が含

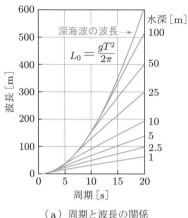
（a）周期と波長の関係

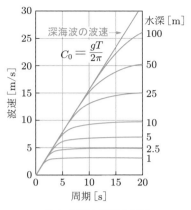
（b）周期と波速の関係

図 1.4　周期と波長の関係，および周期と波速の関係

まれています．これは，深海波と長波の場合にはそれぞれ次のように近似することが
できます．

$$\text{深海波の場合}\left(\frac{h}{L} > \frac{1}{2}\right):\quad \tanh\frac{2\pi h}{L} \approx 1 \tag{1.24}$$

$$\text{長波の場合}\left(\frac{h}{L} < \frac{1}{25} \sim \frac{1}{20}\right):\quad \tanh\frac{2\pi h}{L} \approx \frac{2\pi h}{L} \tag{1.25}$$

したがって，深海波の場合の波長と波速はそれぞれ，

$$L_0 = \frac{gT^2}{2\pi} \tag{1.26}$$

$$C_0 = \frac{gT}{2\pi} \tag{1.27}$$

と表され，長波の場合の波長と波速はそれぞれ，

$$L = T\sqrt{gh} \tag{1.28}$$

$$C = \sqrt{gh} \tag{1.29}$$

と表されます．式 (1.26)，(1.27) より，深海波の場合の波長と波速は周期のみに依存
し，水深と無関係になっていることがわかります．

　海岸工学では，深海波の物理量を表す際に下付き添え字 0 を付けることが慣例となっ
ているため，深海波の場合の波長と波速を表す式 (1.26)，(1.27) もそのようにしてい
ます．また，式に含まれる物理量の単位としてメートルと秒を用いると，式 (1.26)，
(1.27) はそれぞれ，

$$L_0 = 1.56T^2 \tag{1.30}$$

$$C_0 = 1.56T \tag{1.31}$$

と表されます. 具体的な値を計算する際には, これらの式を覚えておくと便利です.

> **例題 1.2**　周期 $T = 5.0\,\mathrm{s}$, 波高 $H = 0.5\,\mathrm{m}$ の波が水深の十分深い沖合いを進んでいます. 水深を $h = 50\,\mathrm{m}$ としたとき, この波の波長, 波速, 波形勾配, 相対水深, 相対波高を求めなさい.
>
> **解答**　十分深い沖合いを進んでいる波は深海波と考えることができるので, 式 (1.30), (1.31) より, 波長 $L = 39.0\,\mathrm{m}$, 波速 $C = 7.8\,\mathrm{m/s}$ と計算できます. また, 波形勾配は $H/L = 0.013$, 相対水深は $h/L = 1.3$, 相対波高は $H/h = 0.01$ とそれぞれ計算できます.

1.3.2　水粒子の運動

分散関係式 (1.20) を用いて, 速度ポテンシャルの式 (1.18) を整理すると, 次式が得られます.

$$\phi = \frac{\sigma H}{2k} \frac{\cosh k(h+z)}{\sinh kh} \sin(kx - \sigma t) \tag{1.32}$$

したがって, 流速の x 方向成分 u と z 方向成分 w は, それぞれ次のように表されます.

$$u = \frac{\partial \phi}{\partial x} = \frac{\sigma H}{2} \frac{\cosh k(h+z)}{\sinh kh} \cos(kx - \sigma t) \tag{1.33}$$

$$w = \frac{\partial \phi}{\partial z} = \frac{\sigma H}{2} \frac{\sinh k(h+z)}{\sinh kh} \sin(kx - \sigma t) \tag{1.34}$$

水中では, 式 (1.33), (1.34) で表される流速に従って水粒子が運動していると考えることができます. 運動している水粒子の平均的な位置を $(\bar{x}, \bar{z})$ とし, 運動による変位の x 方向成分と z 方向成分をそれぞれ ξ と ζ とすると, 水粒子の位置は $(\bar{x}+\xi, \bar{z}+\zeta)$ と表されます. 水粒子の運動の速度が, 流速に従っているとすると,

$$u = \frac{d(\bar{x}+\xi)}{dt} = \frac{d\xi}{dt} \tag{1.35}$$

$$w = \frac{d(\bar{z}+\zeta)}{dt} = \frac{d\zeta}{dt} \tag{1.36}$$

となり, 式 (1.33), (1.34) より,

$$\xi = -\frac{H}{2} \frac{\cosh k(h+\bar{z})}{\sinh kh} \sin(k\bar{x} - \sigma t) \tag{1.37}$$

$$\zeta = \frac{H}{2} \frac{\sinh k(h+\bar{z})}{\sinh kh} \cos(k\bar{x} - \sigma t) \tag{1.38}$$

という関係が得られます. $\sin^2(k\bar{x} - \sigma t) + \cos^2(k\bar{x} - \sigma t) = 1$ を用いて, これらの式から t を消去すると, 次式が得られます.

$$\frac{\xi^2}{\left\{\dfrac{H}{2}\dfrac{\cosh k(h+\bar{z})}{\sinh kh}\right\}^2} + \frac{\zeta^2}{\left\{\dfrac{H}{2}\dfrac{\sinh k(h+\bar{z})}{\sinh kh}\right\}^2} = 0 \tag{1.39}$$

この式から，水粒子の運動が，点 $(\bar{x},\bar{z})$ を中心とした，長半径と短半径がそれぞれ，

$$\text{長半径} = \frac{H}{2}\frac{\cosh k(h+\bar{z})}{\sinh kh} \tag{1.40}$$

$$\text{短半径} = \frac{H}{2}\frac{\sinh k(h+\bar{z})}{\sinh kh} \tag{1.41}$$

と表される楕円の軌道を描くことがわかります．

深海波，浅海波，長波それぞれの場合の水粒子の運動が描く軌道の特徴を模式的に表すと，図 1.5 のようになります．深海波では，水粒子は円に近い軌道を描き，深い場所にいくほどその大きさは小さくなり，底面付近ではほとんど動きません．長波では，水粒子は扁平な楕円の軌道を描き，深い場所にいくほど長軸の長さは変わらないもののより扁平な楕円になり，底面付近ではほぼ水平な往復運動になります．浅海波では，水粒子の運動は深海波と長波の中間の特徴をもつような運動になります．

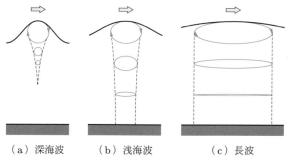

（a）深海波　　（b）浅海波　　（c）長波

図 1.5　水粒子の運動が描く軌道の模式図

例題 1.3　波高 $H = 1.0\,\text{m}$ の波が水深の十分深い沖合いを進んでいます．この波による水面の水粒子の水平方向の運動の振幅を求めなさい．

解答　水面の水粒子の水平方向の運動の振幅は，式 (1.40) より，$(H/2)(\cosh kh/\sinh kh) = (H/2)(1/\tanh kh)$ で計算できます．十分深い沖合いを進んでいる波は深海波と考えることができるので，$(H/2)(1/\tanh kh) \approx H/2$ と近似できます．したがって，求めたい振幅は，$H/2 = 0.5\,\text{m}$ となります．ちなみに，深海波では水粒子の運動は円に近い軌道を描くため，鉛直方向の運動の振幅も $0.5\,\text{m}$ となります．

1.3.3 群速度

　実際の海では，様々な周期の波が重なり合って進んでいます．そのような状態の一つの例として，水深が一定の場所で，波高が等しく，周期が少し異なる二つの規則波が，重なり合って同じ方向に進んでいる場合について考えてみましょう[†]．ここで，二つの波はどちらも深海波に分類される波であるとします．

　図1.6のように，波長 L，波速 C の波 A と波長 $L + \Delta L$，波速 $C + \Delta C$ の波 B があり，いま，図の中央部で互いの波の峰が重なり合っているとします．波長が異なるため，中央部以外では波の峰が重なり合わず，二つの波を足し合わせてできる波は，中央部に高さのピークをもち，変動の大きさが周期的に変化する波になります．波 A と波 B の中央部から一つ後方の波の峰をそれぞれ点 P_A と点 P_B とすると，波 B のほうが波 A よりも波速が大きいので，点 P_B はやがて点 P_A に追いつきます．そこで，時間 Δt 後に，中央部から Δx 進んだ位置で，点 P_B が点 P_A に追いついたとします．この位置が二つの波を足し合わせてできる波の新しいピークになるので，ピーク部分は時間 Δt で距離 Δx 進んだことになります．Δt と Δx は，それぞれ，

$$\Delta t = \frac{\Delta L}{\Delta C} \tag{1.42}$$

$$\Delta x = C\Delta t - L \tag{1.43}$$

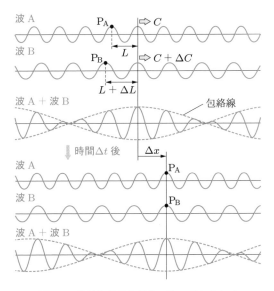

図 1.6　波長と波速が異なる波の重ね合わせ

[†] ここでの群速度の説明は，バーバー[2)]の説明を参考にしています．

と表されるため，ピーク部分が進む速さ C_g は，

$$C_g = \frac{\Delta x}{\Delta t} = C - \frac{L}{\Delta t} = C - L\frac{\Delta C}{\Delta L} \tag{1.44}$$

と表されます．この C_g は，二つの波を足し合わせてできる波の包絡線が進む速さと言い換えることもできます．

二つの波の波長の差 ΔL を小さくしてその極限を考えると，式 (1.44) は，

$$C_g = C - L\frac{dC}{dL} \tag{1.45}$$

と書くことができます．二つの波はどちらも深海波であるとしているので，式 (1.26)，(1.27) より，波長 L と波速 C の関係は次のように表されます．

$$C^2 = \frac{gL}{2\pi} \tag{1.46}$$

この式を用いると，

$$C_g = \frac{1}{2}C \tag{1.47}$$

が得られます．この式より，深海波に分類される二つの波を足し合わせてできる波のピーク部分は，もとの波の波速の半分の速さで進むことがわかります．このように，周期が異なる波が重なり合って大小の変動を含む群れをなして進んでいるとき，その群れの進む速さを**群速度**（group velocity）とよびます．浅海波や長波も含めると，式 (1.21)，(1.22) より，波長 L と波速 C の関係は，

$$C^2 = \frac{gL}{2\pi}\tanh\frac{2\pi h}{L} \tag{1.48}$$

と表されるので，この式と式 (1.45) より，群速度を表す式として次式が得られます．

$$C_g = nC, \quad n = \frac{1}{2}\left\{1 + \frac{4\pi h/L}{\sinh(4\pi h/L)}\right\} = \frac{1}{2}\left(1 + \frac{2kh}{\sinh 2kh}\right) \tag{1.49}$$

ここで，n は群速度の波速に対する比です．この式より，群速度は，深海波では波速の半分（$n = 1/2$）になり，長波では波速と同じ（$n = 1$）になることがわかります．

1.3.4 波のエネルギーとその輸送

波によって水がもつエネルギーについて考えてみましょう．質点の運動と同じく，考えるエネルギーは，**位置エネルギー**（potential energy）と**運動エネルギー**（kinetic energy）の二つです．いずれのエネルギーも，波の峰や谷などの場所によってその大きさが異なるので，単位幅（y 方向に 1）で 1 波長分の水がもつエネルギーを波長で割ることで，単位面積を底面とする水の柱が平均的にもつエネルギーを求めます（図 1.7）．

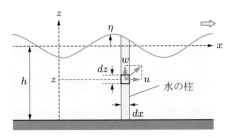

図 1.7　波のエネルギーの計算

　まず，位置エネルギーについて考えてみましょう．x 方向，y 方向，z 方向の大きさがそれぞれ dx, 1, dz の微小直方体がもつ位置エネルギー dE_p は，次式で表されます．

$$dE_p = \rho \times (dx \times 1 \times dz) \times g \times z = \rho g z dx dz \tag{1.50}$$

波による位置エネルギーは，波のない状態での水がもつ位置エネルギーとの差であるので，単位面積を底面とする水の柱が平均的にもつ位置エネルギー E_p は，次式で表されます．

$$\begin{aligned} E_p &= \frac{1}{L}\int_0^L\int_{-h}^{\eta}\rho g z\, dz dx - \frac{1}{L}\int_0^L\int_{-h}^{0}\rho g z\, dz dx \\ &= \frac{1}{L}\int_0^L\left(\int_{-h}^{\eta}\rho g z\, dz - \int_{-h}^{0}\rho g z\, dz\right)dx \end{aligned} \tag{1.51}$$

式 (1.1) を用いてこれを計算すると，次のようになります．

$$E_p = \frac{1}{16}\rho g H^2 \tag{1.52}$$

　次に，運動エネルギーについて考えてみましょう．x 方向，y 方向，z 方向の大きさがそれぞれ dx, 1, dz の微小直方体がもつ運動エネルギー dE_k は，次式で表されます．

$$dE_k = \frac{1}{2}\times\rho\times(dx\times 1\times dz)\times(u^2+w^2) = \frac{\rho}{2}(u^2+w^2)dx dz \tag{1.53}$$

単位面積を底面とする水の柱が平均的にもつ運動エネルギー E_k は，次式で表されます．

$$E_k = \frac{1}{L}\int_0^L\int_{-h}^{\eta}\frac{\rho}{2}(u^2+w^2)dz dx \approx \frac{1}{L}\int_0^L\int_{-h}^{0}\frac{\rho}{2}(u^2+w^2)dz dx \tag{1.54}$$

ここで，z の積分区間は，底面から水面までではなく，底面から静水面までとして近似しています．式 (1.33), (1.34) を用いてこれを計算すると，次のようになります．

$$E_k = \frac{1}{16}\rho g H^2 \tag{1.55}$$

　以上より，単位面積を底面とする水の柱が平均的にもつ波によるエネルギー E は，位置エネルギー E_p と運動エネルギー E_k の合計として，式 (1.52) と式 (1.55) より，

$$E = E_p + E_k = \frac{1}{16}\rho g H^2 + \frac{1}{16}\rho g H^2 = \frac{1}{8}\rho g H^2 \tag{1.56}$$

と表され，波高の 2 乗に比例することがわかります．

　続いて，波によるエネルギーの輸送について考えてみましょう．図 1.8 のように，静水面に対して垂直な断面を考えると，この断面を通して波の進行方向になされる仕事は，波によって輸送されるエネルギーと等しいと考えることができます．単位幅（y 方向に 1）で 1 周期にわたってなされる仕事を周期で割ることで，単位時間あたりに平均的に輸送されるエネルギーを求めます．

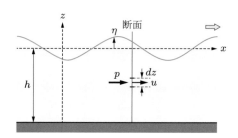

図 1.8　波によるエネルギーの輸送の計算

　微小時間 dt の間に，断面上にあり y 方向と z 方向の大きさがそれぞれ 1 と dz の微小部分を通してなされる仕事 dW は，その部分での圧力 p と流速の x 方向成分 u を用いて次式で表されます．

$$dW = p \times (1 \times dz) \times u \times dt = pu\,dz\,dt \tag{1.57}$$

断面を通して単位時間あたりに平均的になされる仕事，すなわち，単位時間あたりに平均的に輸送されるエネルギー W は，次式で表されます．

$$W = \frac{1}{T}\int_0^T \int_{-h}^{\eta} pu\,dz\,dt \approx \frac{1}{T}\int_0^T \int_{-h}^{0} pu\,dz\,dt \tag{1.58}$$

ここで，式 (1.54) と同様に，z の積分区間は，底面から水面までではなく，底面から静水面までとして近似しています．式 (1.19) と式 (1.33) を用いてこれを計算すると，次のようになります．

$$W = \frac{1}{8}\rho g H^2 \frac{\sigma}{k}\frac{1}{2}\left(1 + \frac{2kh}{\sinh 2kh}\right) \tag{1.59}$$

この式は，式 (1.49) と式 (1.56) および $C = \sigma/k$ を用いて，

$$W = EC_g \tag{1.60}$$

と書くことができます．この式より，波のエネルギー E は群速度 C_g で輸送されるこ

とがわかります.

　ここまで, 波は進行方向にもその逆方向にも無限に続いているとしてきましたが, ある海域で発生した波の一群が波のない海域へ進んでいく場合について考えてみましょう. 波が離れた場所へ届くということは, 波のエネルギーが届くということであるので, 波の一群が伝わっていく速さは, 波のエネルギーが伝わっていく速さである群速度に等しいと考えることができます. したがって, 式 (1.49) より, その速さは, 長波の場合には波速に等しく, 深海波の場合には波速の半分になることになります.

　ここで注目したいのは, 深海波の場合, 波の一群に含まれる個々の波は波速で進んでいるにもかかわらず, 波の一群としては波速の半分の速さでしか進んでいないことです. この理由は, 図 1.9 のように考えることができます. 一群の先頭の波は波速で進んでいきますが, エネルギーの輸送がそれに追いつかないため, 徐々に小さくなって消えていきます. 一方, 取り残されたエネルギーは, 一群の末尾に小さな波を生じさせます. したがって, 波の一群は進むにつれて前後に広がっていくようになり, もとと同程度の大きさを保っている一群の中心が進む速さは, エネルギーが伝わっていく速さである群速度になります. 遠く沖合いにある台風の下で生じた波がうねりとしてある海岸へ進んでいくとき, うねりの一群の先頭は波速で進んでいきますが, 海岸へ到達する頃には非常に小さくなって, 実質的には消えてしまっています. そのため, 実質的に重要である顕著な大きさのうねりが到達するまでの時間を求めるためには, 群速度を用いることになります.

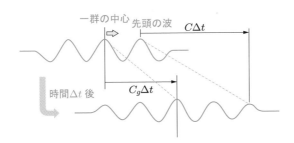

図 1.9　深海波の波速と群速度

例題 1.4　周期 $T = 13\,\mathrm{s}$ のうねりが $1000\,\mathrm{km}$ 離れた場所へ到達するまでにかかる時間を求めなさい. ただし, この波は深海波として進んでいるものとします.

解答　周期 $T = 13\,\mathrm{s}$ の深海波の波速は, 式 (1.31) より, $C = 20.28\,\mathrm{m/s}$ となりますが, うねりが進む速さを考える際には波速ではなく群速度を用います. 深海波の群速度は, 式 (1.49) より, 波速の $1/2$ であるので, 群速度は $C_g = 10.14\,\mathrm{m/s} = 36.5\,\mathrm{km/hr}$ となります. したがって, $1000\,\mathrm{km}$ 離れた場所へ到達するまでにかかる時間は, およそ $27.4\,\mathrm{hr}$ で

▌あることがわかります.

1.3.5　微小振幅波理論と有限振幅波理論

　ここまでに扱ってきた微小振幅波理論では，振幅が小さいと仮定することで，波の運動の基礎方程式と境界条件を線形化し，その解を得ました．微小振幅波理論により得られる解は，波の運動の基礎的な性質を説明することができますが，より精度の高い解を得たい場合には，線形化によらずに解を得る必要があります．そのような場合には，摂動法という方法によって基礎方程式と境界条件を解く**有限振幅波理論**（finite amplitude wave theory）が用いられます．有限振幅波理論の中にはいくつかの理論がありますが，**ストークス波理論**（Stokes wave theory）と**クノイド波理論**（cnoidal wave theory）がその代表です．ストークス波理論は水深の深い場所における波に適用され，クノイド波理論は水深の浅い場所における波に適用されます．海岸工学で扱われる代表的な波の理論を，図 1.10 に示します.

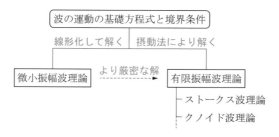

図 1.10　波の理論（Shibayama[3] の図を基に作成）

1.4　波高や波向の変化

　洋上を伝わってきた波浪が海岸に近づいてくると，海底や構造物の影響を受けるようになり，その波高や進む向きに図 1.11 に示すような様々な変化が生じます．海岸工学では，深海波として扱うことができる沖合いでの波の条件から，沿岸域における水深の変化や，構造物の有無による波高や波の向きの変化を予測する必要があります．本節では，これらの変化について説明します.

1.4.1　浅水変形と砕波

（1）　浅水変形

　波が深海波として深い海域を進んでいるときは，波長と波速は水深によらず，周期

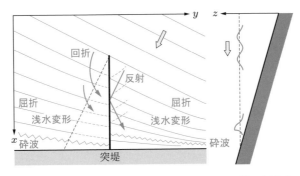

図 1.11　突堤付近の波高や波の向きの変化（Shibayama[3]）の図を基に作成）

のみにより決まります（式 (1.26), (1.27)）．しかし，その波が浅い海域に進んできて浅海波に分類されるようになると，波長と波速は水深にも依存するようになり，それに伴って波高も変化するようになります．このように，波が浅い海域に進んでくることによってその波高が変化することを**浅水変形**（wave shoaling）とよんでいます．前述した波によるエネルギー輸送の考え方を用いて，この波高の変化について考えてみましょう．

図 1.12 のように，波が深海波として進んでいる場所に断面 I，浅海波として進んでいる場所に断面 II をとります．断面 I における波の波高を H_0，波速を C_0，群速度を C_{g0}，エネルギーを E_0，断面 II における波の波高を H，波速を C，群速度を C_g，エネルギーを E とします．断面 I と断面 II の間で生じる海底での摩擦等によるエネルギーの損失を無視できるとすると，断面 I を通して輸送されるエネルギーと断面 II を通して輸送されるエネルギーは等しくなるので，式 (1.60) より，

$$E_0 C_{g0} = E C_g \tag{1.61}$$

となります．群速度は，式 (1.49) で示されているように，波速の n 倍という形で表す

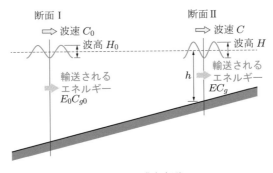

図 1.12　浅水変形

ことができ，深海波では $n = 1/2$ になります．波のエネルギーは，式 (1.56) に示されているように，波高の 2 乗に比例します．これらの関係を式 (1.61) に代入すると，

$$\frac{1}{8}\rho g H_0^2 \cdot \frac{C_0}{2} = \frac{1}{8}\rho g H^2 \cdot nC \tag{1.62}$$

となり，これを整理すると，断面 II における波（浅海波）の波高 H の，断面 I における波（深海波）の波高 H_0 に対する比 K_s を表す式として，次式が得られます．

$$K_s = \frac{H}{H_0} = \sqrt{\frac{C_{g0}}{C_g}} = \sqrt{\frac{1}{2n}\frac{C_0}{C}} = 1 \Big/ \sqrt{\tanh kh \left(1 + \frac{2kh}{\sinh 2kh}\right)} \tag{1.63}$$

ここで，k は断面 II における波の波数，h は断面 II における水深です．この K_s は，**浅水係数**（shoaling coefficient）とよばれ，これを用いることで浅い海域における波高を求めることができます．

図 1.13 に示すように，浅水係数は，深い海域では 1 になります．浅い海域に進むと，群速度が大きくなることに伴っていったん浅水係数は 1 より小さくなりますが，より浅い海域に進むと，波速が小さくなることに伴って浅水係数は大きくなって 1 を超えるようになります．ただし，式 (1.63) で表される浅水係数は微小振幅波理論より求めたものであるため，浅い海域で大きくなる波高をより正確に求める際には，有限振幅波理論を用いる場合があります．

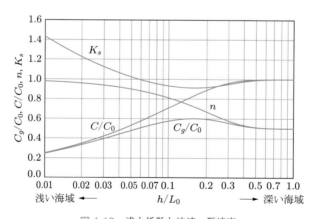

図 1.13　浅水係数と波速，群速度

例題 1.5　周期 $T = 9.0\,\mathrm{s}$，波高 $H_0 = 1.0\,\mathrm{m}$ の波が水深の十分深い沖合いから海岸に向かって進んでいます．この波が水深 $h = 5.0\,\mathrm{m}$ の地点にやってきたときの波高を求めなさい．

解答　周期 $T = 9.0\,\mathrm{s}$ の波の沖合いでの波長は，$L_0 = 1.56T^2 = 126.4\,\mathrm{m}$ と計算できます．$h/L_0 = 0.040$ であるので，図 1.13 より浅水係数の値を読み取ると，$K_s = 1.07$ であ

▌ることがわかります．したがって，求めたい波高は，$H = K_s H_0 = 1.07\,\text{m}$ となります．

(2) 砕 波

浅水変形により，波は浅い海域に進むにつれて，その波高が大きくなっていきます．しかし，波高は際限なく大きくなり続けることはできず，ある程度以上の高さになると，その形を保つことができなくなり砕けてしまいます．このように波が砕けてしまうことを**砕波**（wave breaking）とよびます．砕波が生じる地点のことを砕波点とよびますが，実際にはある程度の広がりをもった範囲で砕波が生じるので，砕波が生じている場所一帯を指して砕波帯ともよびます．砕波によって，波はそのエネルギーを失っていきます．砕波が生じる地点では，海底の砂が巻き上げられたり，構造物に大きな力が作用したりすることがあるため，沖合いからやってきた波がどこでどのように砕波するかを把握しておくことが重要になります．

砕波が生じる地点の水深とその際の波高については，多くの実験データが得られています．これらの実験データを基に作成した，波の条件と砕波が生じる地点の水深や，その際の波高との関係を示した図表や数式のことを，総称して砕波指標とよんでいます．広く使われている砕波指標の代表として，次式で表される合田による砕波指標[4]があります[†1]．

$$\frac{H_b}{h_b} = \frac{0.17}{h_b/L_0}\left[1 - \exp\left\{-1.5\pi\frac{h_b}{L_0}(1 + 11i^{4/3})\right\}\right] \tag{1.64}$$

ここで，H_b は砕波が生じる際の波高，h_b は砕波が生じる地点の水深，i は海底勾配，L_0 は深海波のときの波長です．いくつかの海底勾配における式 (1.64) に基づく H_b/h_b と h_b/L_0 の関係を図 1.14 に示します．この砕波指標を用いると，ある水深において砕波が生じる際の波高を求めることができ，その波高を浅水変形に基づいて求めたその水深における波高が上回れば，その水深では砕波が生じていると考えることができます．

砕波はその砕け方によって，図 1.15 に示すように**崩れ波砕波**（spilling breaker），**巻き波砕波**（plunging breaker），**砕け寄せ波砕波**（surging breaker）という三つの形式に分類することができます[†2]．波は砕波すると，砕波の進行に伴ってエネルギーを失っていきますが，そのエネルギーの失い方の特徴は，この形式によって異なりま

---

†1 合田による砕波指標が最初に発表された際[5]には，式 (1.64) の右辺の $i^{4/3}$ にかかる係数が 15 とされており，多くの海岸工学の教科書でもその式が掲載されています．しかし，後年，この係数を 11 としたほうが実験の結果とよく一致するとして，式 (1.64) とすることが合田により提案されていますので[4]，この教科書ではそちらを合田の砕波指標として示しています．

†2 砕波の形式として，巻き波砕波と砕け寄せ波砕波の中間にあたる巻き寄せ波砕波（collapsing breaker）という形式を含む場合もあります．

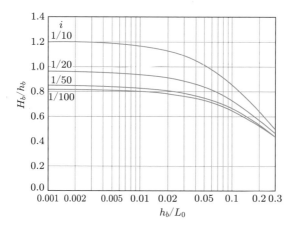

図 1.14　合田による砕波指標（合田[4]の数式を基に作成）

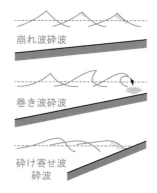

図 1.15　砕波の形式

す．崩れ波砕波は，波の頂部から砕け始めて，それが波の進行とともに徐々に波の前面に広がっていくような砕波であり，比較的長い距離をかけてエネルギーが失われます．巻き波砕波は，切り立った波の頂部が空気を巻き込むように前へ倒れ込んでいくような砕波であり，倒れ込んだ場所で一挙にエネルギーが失われます．砕け寄せ波砕波は，岸の近くで切り立った波の前面が足元から崩れ落ちながら海岸へ押し寄せるような砕波であり，エネルギーは砕波でも失われますが，一部は海岸で反射されます．

　砕波が崩れ波砕波，巻き波砕波，砕け寄せ波砕波のうちのどの形式になるのかは，波形勾配と海底勾配によって表される次のパラメータによって推定することができます．

$$\xi_0 = \frac{i}{\sqrt{H_0/L_0}} \tag{1.65}$$

この ξ_0 は，**イリバレン数**（Iribarren number）とよばれます．ここで，i は海底勾配，

H_0 と L_0 はそれぞれ深海波のときの波高と波長です．$\xi_0 < 0.5$ の場合は崩れ波砕波，$0.5 < \xi_0 < 3.3$ の場合は巻き波砕波，$\xi_0 > 3.3$ の場合は砕け寄せ波砕波になるとされています[6]．

1.4.2　屈折と回折

ここまで，図 1.16 のように，波はある方向（図の x 方向すなわち岸沖方向）に向かって真っ直ぐ進み，波の進んでいる向きと垂直な方向（図の y 方向すなわち沿岸方向）には，波の峰が続いているとしてきました．図に示すように，ある地点から波の進む方向を表す線を**波向線**（wave rays），波の峰の位置を表す線を**波峰線**（wave crest lines）とよびますが，ここまでは，これらの波向線や波峰線が直線で表されるような波を考えてきたことになります．しかし，実際には，水深の変化や構造物等の存在によって波の進む向きは変化し，それに伴って波高も変化します．水深の変化により波の進む向きが変化することを波の**屈折**（wave refraction），構造物等により遮られた場所に波が回り込んで進むことを波の**回折**（wave diffraction）とよんでいます．波の進む向きが変化することで，波のエネルギーが局所的に集中する場所が生じることなどがあるため，波のやってくる方向や，水深の変化，構造物の有無等を踏まえて，波がどのように方向を変えながら進み，平面的に見たときに波高がどのように分布するのかを把握しておくことが重要になります．

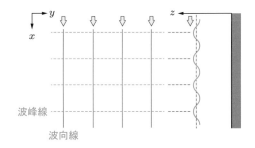

図 1.16　波向線と波峰線

（1）屈　折

まずは，波の屈折について考えてみましょう．波の屈折は，同じ周期の波でも水深によって波速が異なるために生じます．図 1.17 のように，ある境界面を境に水深が変化し，その境界面に向かって斜めに波が進んできている場合の波の屈折について考えてみましょう．深い海域から浅い海域へ向かって波が進んでおり，境界面に対して β_1 の角度で入射し，その後は屈折により β_2 の角度で進んでいくとします．ここで，波の

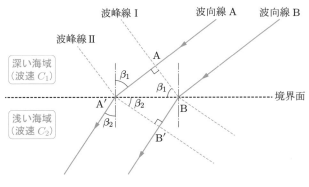

図 1.17　波の屈折

進む角度は境界面に対して垂直な線から測った波向線の角度とし，β_1 と β_2 をそれぞれ入射角と屈折角とよびます．波向線 A と波向線 B の波峰線 I 上の点をそれぞれ点 A と点 B とし，そこから時間 t_0 が経過した後，点 A と点 B は波峰線 II 上の点 A' と点 B' にそれぞれ移動したとします．

線分 A'B の長さを 1 とすると，時間 t_0 の間に，点 A は $\sin\beta_1$（線分 AA' の長さ）だけ，点 B は $\sin\beta_2$（線分 BB' の長さ）だけ，それぞれ進んだことになります．深い海域と浅い海域での波速をそれぞれ C_1 と C_2 とすると，

$$C_1 t_0 = \sin\beta_1 \tag{1.66}$$

$$C_2 t_0 = \sin\beta_2 \tag{1.67}$$

となるので，これらの式から t_0 を消去すると次式が得られます．

$$\frac{\sin\beta_1}{C_1} = \frac{\sin\beta_2}{C_2} \tag{1.68}$$

入射角と屈折角の関係を表すこの式は，**スネルの法則**（Snell's law）とよばれます．また，波向線 A と波向線 B の間隔は，屈折によって，$\cos\beta_1$（線分 AB の長さ）から $\cos\beta_2$（線分 A'B' の長さ）に変化したことがわかります．

例題 1.6　長波とみなせる波が水深 $h_1 = 500\,\mathrm{m}$ の海域から水深 $h_2 = 200\,\mathrm{m}$ の海域へ向かって進んでいます．この波が二つの海域の境界面に $\beta_1 = 30°$ の角度で入射したとき，スネルの法則を用いて屈折角を求めなさい．

解答　水深 h_1 の海域と水深 h_2 の海域における波速をそれぞれ C_1 と C_2 とおくと，式 (1.68) より，屈折角は $\beta_2 = \sin^{-1}\{(C_2/C_1)\sin\beta_1\}$ と表されます．長波の波速は式 (1.29) で表されるので，$C_1 = \sqrt{gh_1} = 70.0\,\mathrm{m/s}$，$C_2 = \sqrt{gh_2} = 44.3\,\mathrm{m/s}$ となり，屈折角は，$\beta_2 = 0.322\,\mathrm{rad} = 18°$ となります．

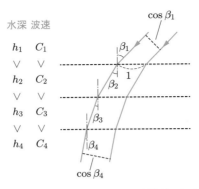

図1.18　水深が段階的に小さくなっていく場所における波の屈折

　図1.18 のように，水深が段階的に小さくなっていく場所に波がある角度で入射し，屈折を繰り返す状況について考えてみましょう．屈折角は次第に小さくなっていき，波向線は境界面に対して垂直に，波峰線は境界面に対して平行に，それぞれ近づいてきます．深い方から順にスネルの法則を適用していくと，

$$\frac{\sin\beta_1}{C_1} = \frac{\sin\beta_2}{C_2}, \quad \frac{\sin\beta_2}{C_2} = \frac{\sin\beta_3}{C_3}, \quad \frac{\sin\beta_3}{C_3} = \frac{\sin\beta_4}{C_4} \tag{1.69}$$

となり，これらの式から，

$$\frac{\sin\beta_1}{C_1} = \frac{\sin\beta_4}{C_4} \tag{1.70}$$

となることがわかります．また，波向線の間隔は $\cos\beta_1$ から $\cos\beta_4$ へ変化することがわかります．このように，最も深い場所における波の進む方向と最も浅い場所における波の進む方向との関係は，その間の条件によらずに関係づけられることがわかります．

　このことを用いて，波が深海波として進んでいる海域から浅い海域へ進むときの屈折による波高の変化について考えてみましょう．浅水変形について考えたときと同様に，波によるエネルギーの輸送を基に考えます．深海波のときの波高を H_0，群速度を C_{g0}，エネルギーを E_0，波の進む角度を β_0 とし，それが屈折によりそれぞれ，H，C_g，E，β へ変化するとします．エネルギーは波向線に沿って輸送されていくので，波が進んでいく間に生じる海底での摩擦等によるエネルギーの損失を無視できるとすると，二つの波向線に挟まれた領域で輸送されるエネルギーは変化しません．このことから，式 (1.60) に波向線の間隔を乗じて，

$$E_0 C_{g0} \cos\beta_0 = E C_g \cos\beta \tag{1.71}$$

が得られます．波のエネルギーは，式 (1.56) に示されているように波高の 2 乗に比例

するので，浅い海域での波高 H の波高 H_0 に対する比は次式で表されます．

$$\frac{H}{H_0} = \sqrt{\frac{C_{g0}}{C_g}} \sqrt{\frac{\cos \beta_0}{\cos \beta}} \tag{1.72}$$

上式は，式 (1.63) で表される浅水係数 K_s を用いて，

$$\frac{H}{H_0} = K_s K_r \tag{1.73}$$

と表すことができます．ここで，

$$K_r = \sqrt{\frac{\cos \beta_0}{\cos \beta}} \tag{1.74}$$

としており，この K_r は屈折による波高の変化を表しているので，**屈折係数**（refraction coefficient）とよばれます．

図 1.19 のように，直線の等深線が平行に並んでいるような海域に波が斜めに入射する場合の屈折角 β と屈折係数 K_r は，次式で表されます．

$$\beta = \sin^{-1}\left(\frac{C}{C_0} \sin \beta_0\right) \tag{1.75}$$

$$K_r = \left[1 + \left\{1 - \left(\frac{C}{C_0}\right)^2\right\} \tan^2 \beta_0\right]^{-1/4} \tag{1.76}$$

図 1.20 は，この式に基づいて入射する波の条件に応じた屈折角 β と屈折係数 K_r を示したものです．

（2） 屈折によるエネルギーの集中

波の屈折において注意が必要であるのは，入射する波の周期や海底の地形に応じて屈折が生じた結果，波のエネルギーが集中し波高が高くなる場所が生じることです．図 1.21 は，その一例として，岬をもつ海岸における波の屈折の様子を表しています．図中の A と B を通して入ってくる波のエネルギーは等しくなっていますが，屈折が生

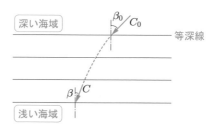

図 1.19　直線の等深線が平行に並んでいるような海域

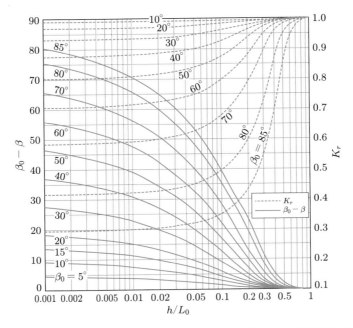

図 1.20 直線の等深線が平行に並んでいる海域での屈折角 β と屈折係数 K_r

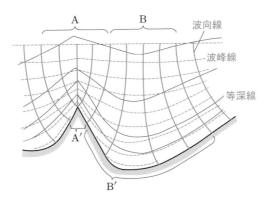

図 1.21 屈折によるエネルギーの集中（バスカム[7]の図を基に作成）

じた結果，A を通して入ってきたエネルギーは A′ という狭い領域に到達し，B を通して入ってきたエネルギーは B′ という広い領域に到達することがわかります．この場合，波のエネルギーが狭い領域に集中する A′ には，エネルギーの密度が小さい B′ に比べて大きな波高の波が到達することになります．

　波の屈折により，波のエネルギーが集中し波高が大きくなる場所を把握するために用いられる方法の一つが，図 1.21 のように屈折による波向線の変化を示す屈折図を描

くことです．屈折図は，海底の地形を表す水深のデータを用いて次式を数値的に解くことで描くことができます．

$$\frac{\partial \theta}{\partial s} = -\frac{1}{C}\frac{\partial C}{\partial n} \tag{1.77}$$

ここで，$\partial \theta/\partial s$ は波の進む方向の波向線方向の変化率，$\partial C/\partial n$ は波速の波峰線方向の変化率です．

（3）　全反射

ここまで，深い海域から浅い海域へ進む波の屈折について考えてきましたが，逆に浅い海域から深い海域へ進む波の屈折について考えてみましょう．たとえば，図 1.17 で波が浅い海域から入射角 β_2 で深い海域へ進むとき，屈折角は β_1 となり，同じ波向線上を逆向きに進むことになります．このように深い海域へ進む場合，屈折角のほうが入射角より大きくなるため，屈折角が 90° となる入射角が存在します．このような入射角を**臨界角**（critical angle）とよび，入射角が臨界角を超えると波は屈折を起こさず，図 1.22 のようにすべて境界面で反射してしまいます．この現象は波の**全反射**（total internal reflection）とよばれます．浅い海域での波速を C_1，深い海域での波速を C_2 とすると，臨界角 β_c はスネルの法則より次式で表されます．

$$\beta_c = \sin^{-1}\left(\frac{C_1}{C_2}\right) \tag{1.78}$$

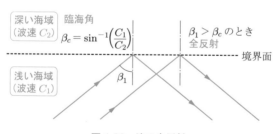

図 1.22　波の全反射

全反射の一例として，陸だな上の浅い海域から沖合いの深い海域へ進む津波の，陸だな縁部における全反射が挙げられます．陸だな縁部では水深が急激に変化しているため，そこに臨界角以上の角度で入射すると全反射が生じます．このように，津波のエネルギーは，海岸だけでなく陸だな縁部でも反射されることになり，その結果，長時間にわたって陸だな上に留まることになります．たとえば，2010 年に南米のチリ沿岸の陸だな上で津波が生じた場合にはこのような現象が見られ，沿岸の地域には長時間にわたって何度も津波が襲来しました．

(4) 回 折

続いて，波の回折について考えてみましょう．港には，やってくる波を反射し港内を静穏に保つことを目的として，しばしば防波堤が設けられます（防波堤▶4章で詳しく説明します）．図 1.23 に示すように，防波堤の前面で波のエネルギーは反射されますが，防波堤のない海域に進んでいく波のエネルギーの一部は防波堤の背面の遮へい域に侵入していきます．このような現象を波の回折とよびます．波の回折は，防波堤などの構造物に限らず，島や岬によってできた遮へい域に対しても起こります．

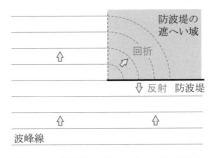

図 1.23 防波堤の遮へい域への波の回折

回折により遮へい域に入り込んだ波の波高を H とし，回折が生じる前の波高を H_I とします．このとき，次式で表される H の H_I に対する比 K_d を**回折係数**（diffraction coefficient）とよびます．

$$K_d = \frac{H}{H_I} \tag{1.79}$$

たとえば，水理公式集[8)] には，防波堤の背後における回折係数の分布を表す図が多数掲載されています．これらの図から回折係数を読み取ったり，模型実験を行ったりすることで，回折による遮へい域での波高を把握することができます．

1.4.3 障害物による反射

(1) 反射と透過

波の進行方向に障害物があると，波の**反射**（wave reflection）が生じます．障害物に入射する波の波高を H_I，障害物から反射する波の波高を H_R とすると，**反射率**（reflection coefficient）K_R は次のように定義されます．

$$K_R = \frac{H_R}{H_I} \tag{1.80}$$

波の回折の説明で扱ったように，防波堤はおもに波を反射させることで港内を静穏に保つことができるよう，港の外郭部に建設されます．防波堤は多くの場合，ケーソン

とよばれるコンクリートの函を並べたものであり，このような直立している障害物に波が入射する際には，反射率はほぼ1になりますが，透水性のある障害物や傾斜している障害物に波が入射する際には，反射率は1より小さくなります．これは，障害物のある地点で砕波などによって波のエネルギーの一部が失われるためです．また，周期の長い波は，周期の短い波に比べて反射の際に失われるエネルギーが少なく，反射率は大きくなります．

水面下に建設される潜堤や人工リーフといった構造物（潜堤・人工リーフ ▶ 3.4.2 項参照）は，景観等を考慮して，その頂部が水面下にあるように作られた構造物です．このような構造物に波が入射する場合，波の反射だけでなく，そのまま構造物上を通過していく波の**透過**（wave transmission）も生じます．このような場合は，入射する波のエネルギーは，反射する波のエネルギー，透過する波のエネルギー，構造物上で失われるエネルギーの三つに分かれると考えます．

(2) 重複波

前述した防波堤のような構造物により波の反射が生じる場合，反射率は1に近くなるため，この構造物の前面では，入射する波と反射する波の，波高がほぼ等しい二つの波が重なり合うことになります．このように，波高が等しく互いに反対の方向に進む波が重なり合うときの水位の変動は，式 (1.1)，(1.2) を用いて次のように表されます．

$$\eta = \frac{H}{2}\cos\left(\frac{2\pi}{L}x - \frac{2\pi}{T}t\right) + \frac{H}{2}\cos\left(\frac{2\pi}{L}x + \frac{2\pi}{T}t\right)$$
$$= H\cos\frac{2\pi}{L}x\cos\frac{2\pi}{T}t \tag{1.81}$$

この式を基に水位の変動を描くと，図 1.24 のようになります．図より，反射する面の前では，波高 $2H$ で水面が上下に変動する箇所と，水面がまったく変動しない箇所が，$L/4$ の間隔で交互に現れることがわかります．これまで扱ってきた，ある方向に進む

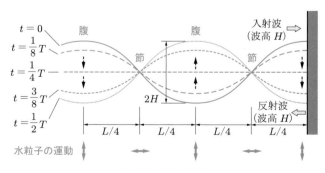

図 1.24 完全重複波

波を**進行波**（progressive wave）とよぶのに対し，波形がある方向に伝わることなく，一定の場所で振動を繰り返すこのような波を，**重複波**または**定常波**（clapotis または standing wave）とよびます．重複波の波高が最も大きい箇所を**腹**（antinode），波高が最も小さい箇所を**節**（node）とよびます．とくに，波高が同一の波が重なり合ってできる重複波を完全重複波とよび，この場合，腹の下では水粒子は鉛直方向にのみ運動し，節の下では水粒子は水平方向にのみ運動します（Van Dyke[9]で，重複波による水粒子の運動を可視化した様子を見ることができます）．

　波が反射しても反射率が小さく，入射する波と反射する波の波高が異なる場合，これらの波が重なり合ってできる重複波は部分重複波とよばれます．入射する波の波高を H_1，反射する波の波高を H_2 とすると，部分重複波の水位の変動は次式で表されます．

$$\eta = \frac{H_1}{2}\cos\left(\frac{2\pi}{L}x - \frac{2\pi}{T}t\right) + \frac{H_2}{2}\cos\left(\frac{2\pi}{L}x + \frac{2\pi}{T}t\right)$$
$$= \frac{H_1 + H_2}{2}\cos\frac{2\pi}{L}x\cos\frac{2\pi}{T}t - \frac{H_1 - H_2}{2}\sin\frac{2\pi}{L}x\sin\frac{2\pi}{T}t \tag{1.82}$$

この式を基に水位の変動を描くと，図 1.25 のようになり，完全重複波と同様に腹と節が現れますが，腹での振動の波高は $H_{\max} = H_1 + H_2$，節での振動の波高は $H_{\min} = H_1 - H_2$ となることがわかります．これらの腹の波高 $H_{\max}$ と節の波高 $H_{\min}$ を用いると，反射率 K_R は，

$$K_R = \frac{H_2}{H_1} = \frac{H_{\max} - H_{\min}}{H_{\max} + H_{\min}} \tag{1.83}$$

と表されます．このように波高の場所的な変化を用いて反射率を求める方法を，ヒーリーの方法とよんでいます．

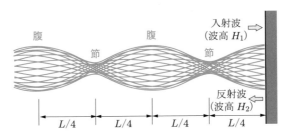

図 1.25　部分重複波（$t = iT/20$（$i = 1 \sim 20$）の波形を重ねて描いている）

1.4.4　減　衰

　波がエネルギーを失うことで波高が小さくなっていくことを波の**減衰**（wave dissipation）とよびます．前述したように，波は浅い海域に進んでくると，浅水変形により

波高が大きくなりますが，その後砕波によってエネルギーを失い波高が小さくなっていきます．多くの海岸では，砕波が波の減衰の主たる要因ですが，場所によってはそれ以外の要因による波の減衰も考慮する必要があります．たとえば，遠浅な海岸，すなわち，海底勾配が小さく，浅い海域が長距離にわたって続く海岸では，海底の摩擦による波の減衰を考慮する必要があります．そのほかにも，大きな河川の河口に広がる海岸などでは海底が泥で覆われていることがあり，このような海岸では波による泥の運動が引き起こされるために，泥の粘性によってエネルギーが失われ，波の減衰が生じます．

1.5　不規則波の扱いと波浪推算

　ここまで，波浪を規則波として扱い，その性質について考えてきました．しかし，1.1.2項で述べたように，実際の波浪は不規則な波であり，これに規則波として求めた波の性質を当てはめるためには，この不規則な波の扱い方を工夫する必要があります．海岸工学において，不規則波を規則波に置き換えて扱うときに基本となるのは，**有義波**（significant wave）を用いた考え方です．本節では，有義波を用いた波浪の扱い方とその推算方法について説明します．

1.5.1　有義波

　ある地点で波浪を観測した結果，図 1.26 のような時間的に変化する波形が得られたとします．これは不規則波であり，規則波のように，波高何メートル，周期何秒の波，といったように表すことはできないように見えます．海岸工学では，このような波形に対して次のような処理を行って，得られた波形を代表する波高と周期の値を与えます．

　最初に行う処理は，得られた波形を異なる波高と周期をもつ波に分解することです．まず，波形の平均水位に直線を引きます．次に，波形がこの平均水位を下降しながら横切る点で波形を区切っていき，点から次の点までの波形を一つの波とみなします．

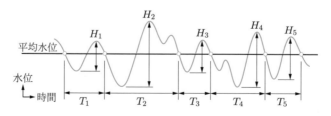

図 1.26　ゼロダウンクロス法による波形の分解

最後に，個々の波に対して波高（最大と最小の水位の差）と周期（点から点までの時間）を与えます．以上のような波形に対する処理の方法を**ゼロダウンクロス法**（zero-downcrossing method）とよびます．平均水位の直線を上昇しながら横切る点で波形を区切っていく場合は，**ゼロアップクロス法**（zero-upcrossing method）とよびます．海岸工学では，波の前面が立ち上がる場面で構造物に作用する力が大きくなるため，その場面で波形が区切られることがないように，ゼロダウンクロス法がしばしば用いられます．

　続いて行う処理は，ゼロダウンクロス法（あるいはゼロアップクロス法）によって得られた個々の波の波高と周期を用いて，波形全体を代表する波高と周期の値を与えることです．代表的な値と聞くと，平均値を思い浮かべる人が多いかもしれません．しかし，海岸工学では，得られた波高と周期の対を波高の大きい順に並び替え，波高の大きい上位 1/3 の対を取り出し，それらの対の波高と周期を平均した値を用います．こうして求めた波高と周期をそれぞれ**有義波高**（significant wave height）と**有義波周期**（significant wave period）とよび，有義波高と有義波周期で表される波のことを有義波とよびます．有義波はその定義から，1/3 最大波とよばれることもあります．有義波高は $H_{1/3}$ または H_s で表され，有義波周期は $T_{1/3}$ または T_s で表されます．有義波の考え方を最初に広く紹介した文献[10]によれば，こうして定義した有義波高や有義波周期は，それまで行われていた目視観測による結果とほぼ等しいとされています．後述する波浪の推算や構造物の設計の際には，この有義波高や有義波周期がおもに用いられます．

　波形を代表する値としては，そのほかに，最大波高と最大波周期，1/10 最大波高と 1/10 最大波周期，平均波高と平均波周期などが用いられることがあります．最大波高と最大波周期は，波高が最も大きい対の波高と周期であり，$H_{\max}$ と $T_{\max}$ で表されます．1/10 最大波高と 1/10 最大波周期は，波高と周期の対を波高の大きい順に並び替え，波高の大きい上位 1/10 の対を取り出し，それらの対の波高と周期を平均した値であり，$H_{1/10}$ と $T_{1/10}$ で表されます．平均波高と平均波周期は，波形に含まれるすべての対の波高と周期を平均した値であり，$\overline{H}$ と $\overline{T}$ で表されます．

1.5.2　波高と周期の分布

　観測した波形からゼロダウンクロス法（あるいはゼロアップクロス法）によって得られた波高の度数分布を描くと，多くの場合，図 1.27(a) のような山なりの分布が得られます．同じ観測データについて，度数を波の総数で割った相対度数の分布として描くと，図 (b) のようになります．ただし，図 (b) では，波高 H を平均波高 $\overline{H}$ で割って無次元化し，分布を表す棒グラフの区間幅（この図では 0.25）で相対度数を割って，

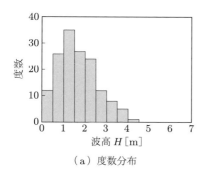 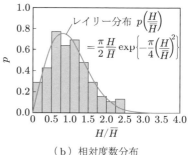

（a）度数分布　　　　　　　　　　（b）相対度数分布

図 1.27　波高の分布

棒グラフの面積の合計が 1 となるようにしています．この波高の相対度数分布は，観測値を整理してみると，次式で表される**レイリー分布**（Rayleigh distribution）に従うことが知られています．

$$p(x) = \frac{\pi}{2} x \exp\left(-\frac{\pi}{4} x^2\right) \tag{1.84}$$

図 (b) に描かれている曲線は，上式で $x = H/\overline{H}$ として得られる曲線です．

式 (1.84) は波高の確率密度関数になっており，この式を用いると，1/10 最大波高，有義波高，平均波高の間の関係として次式が得られます．

$$H_{1/3} = 1.60\overline{H} \tag{1.85}$$

$$H_{1/10} = 1.27 H_{1/3} = 2.03\overline{H} \tag{1.86}$$

最大波高の大きさは，観測した波形の中に含まれる波の総数に依存するので，最大波高とそのほかの波高との間に上式のような一意的な関係を得ることはできませんが，一般的に用いられている関係として，合田[11]は次式を挙げています．

$$H_{\max} = (1.6 \sim 2.0) H_{1/3} \tag{1.87}$$

周期の分布としては，一般的に，風波は分布の広がりが大きく，うねりは分布の広がりが小さい，ということができます．波高の分布に対するレイリー分布のような関係は，周期の分布に対しては得られていませんが，多数の記録から得られた最大波周期，1/10 最大波周期，有義波周期，平均波周期の間の平均的な関係として，合田[11]は次式を挙げています．

$$T_{\max} \approx T_{1/10} \approx T_{1/3} \approx 1.2\overline{T} \tag{1.88}$$

1.5.3　波浪推算

ある風の条件を基に，その風によって生じる波浪の波高や周期を計算することを**波**

浪推算とよんでいます．とくに，過去の実際の風の条件を基に波浪を計算することを波浪の追算（wave hindcasting），予測されている将来の風の条件を基に波浪を計算することを波浪の予測（wave forecasting）といいます．現在では，スペクトルの考え方を用いてエネルギーのやりとりを表した式を数値的に解くことで波浪推算を行うことが一般的ですが（波浪の数値計算 ▶ 2 章で詳しく説明します），ここでは，近代的な波浪推算の原点である **SMB 法**（SMB method）による風波の推算について見てみましょう．

SMB 法という名称は，有義波の考え方とともにこの方法を最初に提案したスベルドラップ（H.U. Sverdrup）とムンク（W.H. Munk），および，方法の改良に大きく貢献したブレットシュナイダー（C.L. Bretschneider）の頭文字をとって名づけられています．SMB 法では，多くの観測結果を整理することで得られた風と波との関係に基づいて，波浪推算を行います．図 1.28 に示すように，風の条件を**風速**（wind speed），**吹送時間**（duration），**吹送距離**（fetch）の三つの量で与え，その風によって風下の地点に生じる風波の有義波高と有義波周期を求めます．

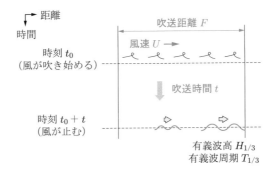

図 1.28 SMB 法における風の条件

ある風速で風が吹いているとき，波はその風からエネルギーを受けて発達していきますが，その風速に対してもうこれ以上発達できない限界の状態まで発達するには，十分な吹送時間と十分な吹送距離が必要になります．SMB 法では，ある風速において，ある有義波高と有義波周期まで発達するのに必要な吹送時間と吹送距離が，それぞれ式で与えられています．それを図に表したものが図 1.29 になります．風の条件を表す三つの量（風速，吹奏時間，吹送距離）が与えられているとき，この図を用いて，その風によって生じる風波の有義波高と有義波周期を次のように求めることができます．

まず，与えられた風速と吹送時間で生じる波の有義波高と有義波周期を図から読み取ります．次に，与えられた風速と吹送距離で生じる波の有義波高と有義波周期を図から読み取ります．このように求めた二つの有義波高と有義波周期の対のうち，小さいほうの対が与えられた風の条件で生じる波の有義波高と有義波周期になります．

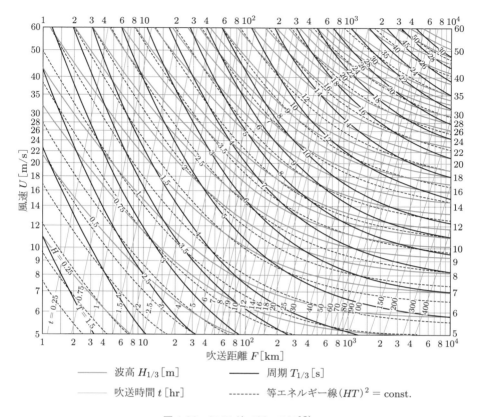

図 1.29 SMB 法で用いる図[12]

例題 1.7 風速 $U = 20\,\mathrm{m/s}$ の風が $F = 50\,\mathrm{km}$ の範囲を 5 時間にわたって吹いていたときに，SMB 法を用いて風下の地点で生じる風波の有義波高と有義波周期を求めなさい．

解答 まず，与えられた風速と吹送時間（$U = 20\,\mathrm{m/s}$ と $t = 5\,\mathrm{hr}$）で生じる波の有義波高と有義波周期を図 1.29 から読み取ると，$H_{1/3} = 3.1\,\mathrm{m}$ と $T_{1/3} = 6.3\,\mathrm{s}$ であることがわかります．次に，与えられた風速と吹送距離（$U = 20\,\mathrm{m/s}$ と $F = 5\,\mathrm{km}$）で生じる波の有義波高と有義波周期を図 1.29 から読み取ると，$H_{1/3} = 2.8\,\mathrm{m}$ と $T_{1/3} = 5.9\,\mathrm{s}$ であることがわかります．以上より，この条件において風下の地点で生じる風波は，二つの対のうち小さいほうの対である $H_{1/3} = 2.8\,\mathrm{m}$ と $T_{1/3} = 5.9\,\mathrm{s}$ で表される波となることがわかります．

SMB 法は，途中で風速が変化する場合にも用いることができます．このような場合には，図中の等エネルギー線を用いて，変化する前の風速の風から受け取ったエネルギーが，変化した後の風速の風から受け取るエネルギーの何時間ぶんに相当するかを求める必要があります．たとえば，風速 $U_1 = 10\,\mathrm{m/s}$ の風が 6 時間にわたって吹い

た後，風速が $U_2 = 14\,\mathrm{m/s}$ に変化し，さらに 6 時間にわたって吹いたとします．変化する前の風速と吹送時間（$U_1 = 10\,\mathrm{m/s}$ と $t = 6\,\mathrm{hr}$）にあたる点から，等エネルギー線に沿って図中を変化した後の風速の位置まで移動すると，風速 $U_2 = 14\,\mathrm{m/s}$ と吹送時間 $t = 2.5\,\mathrm{hr}$ にあたる点にたどり着きます．このことから，風速 $10\,\mathrm{m/s}$ の風から 6 時間にわたって受け取ったエネルギーは，風速 $14\,\mathrm{m/s}$ の風から 2.5 時間にわたって受け取るエネルギーに相当することがわかります．したがって，この一連の風から受け取ったエネルギーの総量は，風速 $14\,\mathrm{m/s}$ の風から 8.5（$= 2.5 + 6$）時間にわたって受け取るエネルギーに等しいと考えることができます．このように吹送時間を換算すれば，あとは前述の方法でこの風の条件で生じる波の有義波高と有義波周期を求めることができます．

1.6 波によって引き起こされる現象

　風によって生じた波が海岸へやってくると，平均海面の場所的な変化や局所的な流れなど，様々な現象を引き起こします．これらの現象が生じるメカニズムは，波によって輸送される運動量の場所的な変化を考えることで説明できます．本節では，この運動量の場所的な変化の理論的な扱い方を説明したうえで，それを用いて平均海面の上昇と低下，および海浜流について説明します．

1.6.1 ラディエーション応力

　1.1 節で説明した風による波は，沿岸域において平均海面の上昇や低下，沿岸方向や岸沖方向の流れを生じさせます．これらの現象がどのようなメカニズムで発生しているのかを理解するためには，**ラディエーション応力**（radiation stress）の考え方を理解する必要があります．ラディエーション応力は，ロンゲット＝ヒギンズ（M.S. Longuet-Higgins）[13]) によって提案された概念で，波によって輸送される運動量が場所によって異なるために流体内に生じる力のことを指します．本項では，このラディエーション応力について説明します．

　ラディエーション応力についての説明を始めるにあたって，まずは，流体の運動におけるニュートンの運動の第 2 法則について整理しておきましょう．ニュートンの運動の第 2 法則は，ある時間の運動量の変化は，その時間に作用した力積に等しい，ということを示しています．定常な運動をしている流体中にとった，図 1.30 のような二つの断面間の部分（二つの断面以外からの流体の出入りはないとします）に着目して，この部分の流体の運動にニュートンの運動の第 2 法則を適用してみましょう．

　微小時間 dt に断面 I と断面 II を通して輸送される運動量は，それぞれ，

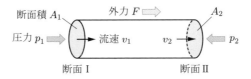

図 1.30　流体中の運動量の輸送

$$断面 I を通して輸送される運動量 = \rho \times A_1 v_1 dt \times v_1 = \rho v_1^2 A_1 dt \tag{1.89}$$

$$断面 II を通して輸送される運動量 = \rho \times A_2 v_2 dt \times v_2 = \rho v_2^2 A_2 dt \tag{1.90}$$

と表されます．したがって，断面 I から断面 II にかけて，運動量は $\rho v_2^2 A_2 dt - \rho v_1^2 A_1 dt$ だけ変化していることになります．ニュートンの運動の第 2 法則より，この運動量の変化は，微小時間 dt に作用した力積に等しくなります．力積は，圧力（p_1 と p_2）によるものと外力（F）によるものがあり，これを踏まえると，ニュートンの運動の第 2 法則は次のようになります．

$$\rho v_2^2 A_2 dt - \rho v_1^2 A_1 dt = p_1 A_1 dt - p_2 A_2 dt + F dt \tag{1.91}$$

この式を整理すると次式が得られます．

$$(p_2 + \rho v_2^2) A_2 - (p_1 + \rho v_1^2) A_1 = F \tag{1.92}$$

この式は，流体に作用している外力 F が $(p + \rho v^2)A$ という量の変化に等しいことを示しています．すなわち，流体の運動では，$p + \rho v^2$ が単位時間あたりに単位面積を通して輸送される運動量と考えられることがわかります．この考え方を波の運動に適用すると，波による運動量の輸送に伴って水面に対して鉛直な面上に作用する力である，ラディエーション応力を求めることができます．

　いま，1.1 節の図 1.3 と同じように，一定の水深 h の水面を波が進んでいるとして，静水面上の波が進む方向に x 軸，それと垂直な図の奥行き方向に y 軸，鉛直上向きに z 軸をとり，この波の運動による運動量の輸送とラディエーション応力について考えてみましょう．このとき，$x =$ 一定の鉛直面上で x 方向に作用するラディエーション応力 S_{xx}（添え字の一つ目はどの面上に作用するか，二つ目はどの方向に作用するかをそれぞれ表しています）は，1 周期にわたってこの面の単位幅（y 方向に 1）を通して輸送される運動量を周期で割ったもの[†] として，次式のように計算します．

$$S_{xx} = \frac{1}{T} \int_0^T \int_{-h}^{\eta} (p_w + \rho u^2) dz dt \tag{1.93}$$

[†]　ラディエーション応力は，「応力」とありますが，単位面積あたりに作用する力ではなく，式 (1.93) からわかるように底面から水面までの単位幅あたりの鉛直面に作用する力として考えます．

ここで，p_w は流体中の圧力 p から波のない状態での静水圧 p_0 を除いたものです．これを計算すると次のようになります．

$$S_{xx} = \frac{1}{T} \int_0^T \int_{-h}^{\eta} (p_w + \rho u^2) dz dt$$
$$= \frac{1}{T} \int_0^T \left\{ \int_{-h}^{\eta} \rho u^2 \, dz + \int_{-h}^{0} (p - p_0) dz + \int_0^{\eta} p \, dz \right\} dt$$
$$= \frac{1}{8} \rho g H^2 \left(\frac{1}{2} + \frac{2kh}{\sinh 2kh} \right) = E \left(2n - \frac{1}{2} \right) \tag{1.94}$$

前述したように，n は群速度の波速に対する比です．n の値は，図 1.13 に示したとおり，沖合いから海岸に近づくにつれて，深い海域における $n = 1/2$ という値から浅い海域における $n = 1$ という値へと大きくなっていきます．この値を用いると，S_{xx} は沖合いから海岸に近づくにつれて，深い海域における

$$S_{xx} = \frac{1}{16} \rho g H^2 \tag{1.95}$$

という値から，浅い海域における

$$S_{xx} = \frac{3}{16} \rho g H^2 \tag{1.96}$$

という値へと大きくなっていくことがわかります．$y = $ 一定の鉛直面上で y 方向に作用するラディエーション応力 S_{yy} は，流速の y 方向成分は 0 であるので，圧力のみを考慮して次式のように計算します．

$$S_{yy} = \frac{1}{T} \int_0^T \int_{-h}^{\eta} p_w \, dz dt \tag{1.97}$$

これを計算すると次のようになります．

$$S_{yy} = \frac{1}{T} \int_0^T \int_{-h}^{\eta} p_w \, dz dt = \frac{1}{T} \int_0^T \left\{ \int_{-h}^{0} (p - p_0) dz + \int_0^{\eta} p \, dz \right\} dt$$
$$= \frac{1}{8} \rho g H^2 \frac{kh}{\sinh 2kh} = E \left(n - \frac{1}{2} \right) \tag{1.98}$$

$x = $ 一定の鉛直面上で y 方向に作用するラディエーション応力 S_{xy} と，$y = $ 一定の鉛直面上で x 方向に作用するラディエーション応力 S_{yx} は，流速の y 方向成分が 0 であり，また，圧力の面に沿った方向成分は 0 であるため，ともに 0 になります．

以上より，ラディエーション応力 S をテンソル表示すると次のようになります．

$$S = \begin{pmatrix} S_{xx} & S_{xy} \\ S_{yx} & S_{yy} \end{pmatrix} = E \begin{pmatrix} \dfrac{1}{2} + \dfrac{2kh}{\sinh 2kh} & 0 \\ 0 & \dfrac{kh}{\sinh 2kh} \end{pmatrix} \tag{1.99}$$

ここでは波の進む方向に x 軸をとっているため $S_{xy} = S_{yx} = 0$ となっていますが，

波がx軸に対してある角度をもって進んでいる場合にはこれらの成分もある値をもちます.

1.6.2　平均海面の上昇と低下

　波が浅い海域に進んできて砕波が生じる地点の周辺では，平均海面の位置が高くなる場所と低くなる場所が現れます．この現象は，ラディエーション応力の場所的な変化に対して，流体に作用する力がつり合うように，静水圧も場所的に変化しているために生じている，と考えることができます．図1.31のように，$x = x_0$ の断面（断面I）と，そこから dx だけ離れた $x = x_0 + dx$ の断面（断面II）の間の流体に作用する x 方向の力のつり合いについて考えることで，浅い海域における平均海面の位置とラディエーション応力との関係を求めてみましょう.

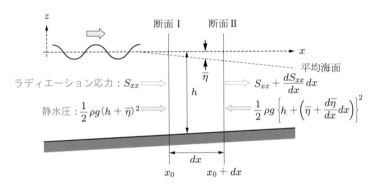

図1.31　浅い海域における流体に作用する力のつり合い

　断面Iにおける x 方向のラディエーション応力を S_{xx} とすると，そこから dx だけ離れた断面IIにおける x 方向のラディエーション応力の大きさは，dx が小さいとして dx の高次の項を無視すれば，

$$S_{xx} + \frac{dS_{xx}}{dx}dx + \frac{1}{2}\frac{d^2 S_{xx}}{dx^2}(dx)^2 + \cdots \approx S_{xx} + \frac{dS_{xx}}{dx}dx \tag{1.100}$$

と近似できます．同様に，断面Iにおける平均海面の位置（静水面から鉛直上向きを正とする）を $\bar{\eta}$ とすると，そこから dx だけ離れた断面IIにおける平均海面の位置は，dx が小さいとして dx の高次の項を無視すれば，

$$\bar{\eta} + \frac{d\bar{\eta}}{dx}dx + \frac{1}{2}\frac{d^2 \bar{\eta}}{dx^2}(dx)^2 + \cdots \approx \bar{\eta} + \frac{d\bar{\eta}}{dx}dx \tag{1.101}$$

と近似できます．断面Iから断面IIにかけての水深の変化が無視できるとすれば，断面Iと断面IIに作用する静水圧は，それぞれ次式で表されます.

$$断面 \text{I} に作用する静水圧 = \frac{1}{2}\rho g(h+\bar{\eta})^2 \tag{1.102}$$

$$断面 \text{II} に作用する静水圧 = \frac{1}{2}\rho g\left\{h+\left(\bar{\eta}+\frac{d\bar{\eta}}{dx}dx\right)\right\}^2 \tag{1.103}$$

時間平均で現象を見たときに，考えている現象が定常であるとすれば，断面 I と断面 II の間の流体に作用する力はつり合っていることになります．以上で求めたラディエーション応力と静水圧より，この力のつり合いは次式で表されます．

$$S_{xx}+\frac{1}{2}\rho g(h+\bar{\eta})^2 = S_{xx}+\frac{dS_{xx}}{dx}dx+\frac{1}{2}\rho g\left\{h+\left(\bar{\eta}+\frac{d\bar{\eta}}{dx}dx\right)\right\}^2 \tag{1.104}$$

この式を整理して dx の2乗の項を無視すると，次式が得られます．

$$\frac{d\bar{\eta}}{dx} = -\frac{1}{\rho g(h+\bar{\eta})}\frac{dS_{xx}}{dx} \tag{1.105}$$

平均海面の変動が水深に比べて小さいとすれば，この式は，

$$\frac{d\bar{\eta}}{dx} \approx -\frac{1}{\rho gh}\frac{dS_{xx}}{dx} \tag{1.106}$$

と近似できます．

前項で説明したように，深い海域から浅い海域にかけて，ラディエーション応力 S_{xx} は大きくなっていきます（式 (1.95)，(1.96)）．ラディエーション応力 S_{xx} が大きくなっていくとき（すなわち $dS_{xx}/dx > 0$ のとき），式 (1.106) より $d\bar{\eta}/dx < 0$ であるので，平均海面の位置は低下していくことになります．これを**平均海面の低下**または**ウェーブセットダウン**（wave set-down）とよびます．波が浅い海域をさらに進み，砕波が生じると，砕波点よりも岸側では，砕波に伴う波高の減少によりラディエーション応力 S_{xx} は小さくなっていきます．ラディエーション応力 S_{xx} が小さくなっていくとき（すなわち $dS_{xx}/dx < 0$ のとき），式 (1.106) より $d\bar{\eta}/dx > 0$ であるので，平均海面の位置は上昇していくことになります．これを**平均海面の上昇**または**ウェーブ**

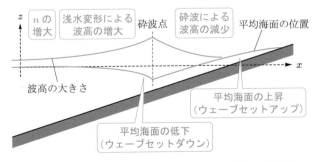

図 1.32　浅い海域における平均海面の上昇と低下の模式図

セットアップ（wave set-up）とよびます.

　以上で説明した浅い海域における平均海面の上昇低下を模式的に示すと，図1.32のようになります. 2章でさらに詳しく説明しますが，台風の接近時には高潮による海面の上昇に加えて，砕波点より岸側では高波の襲来に伴う平均海面の上昇（ウェーブセットアップ）も生じる点に注意が必要です.

1.6.3　海浜流

　沿岸域では様々な要因による流れが生じます. 次節で説明する潮汐に伴って生じる**潮流**（tidal current）や，海上を吹く風のせん断力によって生じる**吹送流**（wind-driven current）などです. これらに加えて，図1.33に示すような，波がやってくることによって生じる**海浜流**（nearshore current）があります.

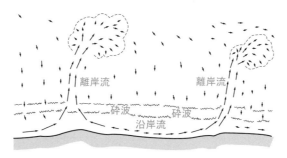

図1.33　海浜流（ShepardとInman[14]の図を基に作成）

　海浜流は沿岸方向に流れる**沿岸流**（longshore current）と岸沖方向に流れる**離岸流**（rip current）からなり，砕波点の周辺で生じます. これらの流れが発生するメカニズムも，ラディエーション応力を用いて説明することができます. 図1.34のように，海岸に対して波がある角度で進んでくると，運動量のy方向成分がx方向に輸送されることで，$x =$一定の鉛直面上で，y方向に作用するラディエーション応力S_{xy}が

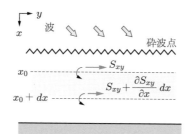

図1.34　海岸に対して波がある角度で進んでくるときのラディエーション応力

生じます．$x = x_0$ の断面におけるラディエーション応力の大きさを S_{xy} とすると，$x = x_0 + dx$ の断面におけるラディエーション応力の大きさは $S_{xy} + (\partial S_{xy}/\partial x)dx$ となるので，二つの断面の間の流体に対して，$-\partial S_{xy}/\partial x$ で表される力が，y 方向に作用することがわかります．砕波点より岸側では，このラディエーション応力 S_{xy} の場所的な変化が大きくなる，すなわち，流体に作用する沿岸方向の力が大きくなるので，それに伴って沿岸方向の流れである沿岸流が生じます．さらに，障害物や，沿岸方向の波高や水深の変化などがあると，その影響を受けて，砕波点より岸側から砕波点を横切って沖側に向かう，局所的に強い流れである離岸流が生じます．

時間平均で見たときに，沿岸流が定常な流れであるとすると，流体に作用する力はつり合っていることになります．流体への作用力としては，前述した沿岸方向に作用するラディエーション応力による沿岸流を引き起こす推進力に加えて，底面の摩擦力と水平混合によって異なる運動量をもつ水塊が混じり合うことによる摩擦力が考えられるので，これらの力が次式のようにつり合っていると考えることができます．

$$推進力 + 底面の摩擦力 + 水平混合による摩擦力 = 0 \qquad (1.107)$$

この関係を理論的に解いて得られる沿岸流の流速の岸沖方向分布が，図 1.35 になります[15]．図中の実線は，水平混合による摩擦力を考慮しない場合の分布を示しており，汀線（海と陸地の境界）から砕波点に向けて流速が大きくなっていき，砕波点より沖側では流速が 0 になっています．図中の破線は，水平混合による摩擦力を考慮した場合の分布を示しており，水平混合による摩擦力を考慮しない場合に比べて，分布の形状がなめらかに広がっています．実際の観測結果は，この水平混合による摩擦力を考慮した場合の結果に近くなります．このように生じている沿岸流は，沿岸方向の砂の移動を考える際などに重要になります（砂の移動 ▶ 3 章で詳しく説明します）．

離岸流は，前述したように，砕波点を横切るようにして岸側から沖側へと向かう局所的な流れです．離岸流の幅や発生地点の間隔は場所によって異なるため，様々な地

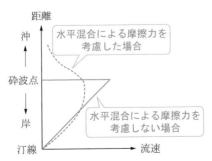

図 1.35 沿岸流の流速の岸沖方向分布（Longuet-Higgins[15] の図を基に作成）

域で調査や観測が行われています．離岸流の流速は非常に大きくなることもあり，人が流される事故につながることもあるため，海水浴のシーズンを迎える頃には，離岸流に関する注意喚起が行われています．

1.7 | 潮汐と副振動

　海面の高さは様々な要因により上下に変動しています．その中でもとくにゆっくりとした変動として，潮汐と副振動が挙げられます．それぞれの湾や港において，これらの長周期の変動の特徴を把握しておくことも，海岸工学では重要になります．本節では，潮汐と副振動に関する基本的な事項について説明します．

1.7.1　潮　汐

　津波や高潮が生じていない通常時の海面の変動から，波浪による短周期の変動を取り除くと，図 1.36 のようなゆっくりとした海面の昇降が見られます．この海面の昇降は，**潮汐**によるもので，一般には潮の満ち引きなどともよばれています．潮汐による海面の昇降は日々生じているものであり，それぞれの地域におけるその特徴を理解しておくことは非常に重要です．本項では，この潮汐に関する基本的な事項について説明します．

(1)　潮汐による海面の昇降

　潮汐によって変動する海面の高さを**潮位**（tide level）とよびます[†1]．図 1.36 に示したように，潮位が極大となったときのことを**満潮**または**高潮**（こうちょう）（high tide）[†2]，極小と

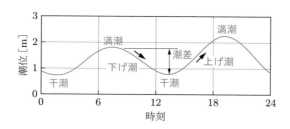

図 1.36　1 日の間の潮汐による海面の昇降の例

[†1]　正確には，気象の影響等による変動も含めた海面の高さを潮位とよんでいます．気象による影響等が大きい場合，実際に観測される潮位には，潮汐のみを考慮して予測された潮位（天文潮位や推算潮位とよばれます）とのずれが生じ，そのずれは潮位偏差とよばれます．

[†2]　潮位が極大となったときのことを示す高潮は「こうちょう」と読むのに対し，台風などの接近に伴って生じる海面の上昇を示す高潮は「たかしお」と読みます．

なったときのことを**干潮**または**低潮**（low tide）とよびます．干潮から満潮へ潮位が上昇していくことを**上げ潮**（flood tide），満潮から干潮へ潮位が下降していくことを**下げ潮**（ebb tide）とよびます．通常，満潮と干潮は図のように1日に2回ずつ現れます．しかし，同日内における2回の満潮時あるいは干潮時の潮位は必ずしも同じような値になるわけではなく，著しく異なることもあり，これを日潮不等とよびます．日潮不等が極端な場合には，満潮と干潮が1日に1回ずつしか現れないこともあります．

　連続する満潮時と干潮時の潮位の差を**潮差**（tidal range）とよび，図 1.37 からわかるように，潮差の大きさは時期によって変動します．潮差が大きくなる時期のことを**大潮**（spring tide），小さくなる時期のことを**小潮**（neap tide）とよびます．大潮と小潮が現れるサイクルは，通常，図のように月の満ち欠けのサイクルと連動しており，新月や満月のすこし後に大潮の時期を迎え，上弦の月や下弦の月のすこし後に小潮の時期を迎えます．また，潮差の大きさは地域によっても大きく異なります．日本の沿岸における大潮時の潮差を見てみると，日本海沿岸では 0.25 m より小さく，太平洋沿岸では 0.5〜1.5 m 程度で，瀬戸内海や有明海の沿岸では 2 m より大きくなっており，地域差があることがわかります．

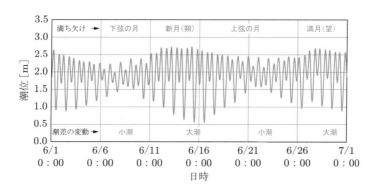

図 1.37　2018 年 6 月の東京における潮位の変動
（毎時潮位のデータ（気象庁 Web ページ）[16]を基に作成）

　潮汐による海面の変動は，非常に周期の長い波と考えることができ，変動に伴って，図 1.5(c) に示したような水平な水粒子の往復運動が生じると予想されます．実際，海では潮汐に応じたゆっくりと変動する水の運動を観察することができ，この運動は一定の方向への流れのように見えることから**潮流**とよばれます．潮流の向きや速さは潮汐に応じて変化しますが，入り口の狭い湾や潮汐が異なる海域をつなぐ海峡などの複雑な地形をもつ場所では，潮位の変動との位相差が生じたり，周囲よりも速い潮流になったりすることがあります．

(2)　潮汐が生じる要因

　潮汐は，主として地球と月の運動や，太陽も含めたこれらの位置関係に応じて生じています．そのため，前述したように，月の満ち欠けのサイクルと連動しています．実際には，それらに加えて，地形の影響などもあり，潮汐は複雑な現象ですが，**平衡潮汐**（equilibrium tide）の考え方を用いると，潮汐のいくつかの特徴を説明することができます．平衡潮汐の考え方では，地球の表面がすべて海水で覆われているとして，その海水に作用している力から海面の位置を求め，地球上の各地点における海面の昇降を説明します．

　地球と月のみが存在するとして，海面の位置を求めてみましょう．まず，地球に作用する力の分布について考えてみましょう．地球は月の引力を受けて全体として月へ向かって運動することになります．全体として運動するので，地球上の各地点に作用する単位質量あたりの力は，地球の中心に作用するものと大きさも向きも等しくなります．次に，地球の表面を覆っている海水に作用する力について考えてみましょう．単位質量あたりの海水に作用する月の引力は，各地点から月に向かう方向へ作用し，その大きさは月に近い地点ほど大きくなります．地球上の各地点において，後者の力から前者の力を引いてその分布を示すと，図 1.38 のようになります．この分布を見ると，地球と月の中心を結ぶ線上では海水を上に引っ張る方向に，その線に垂直な地球の中心を通る線上では海水を下に引っ張る方向に，それぞれ向かっていることがわかります．そのため，地球の表面を覆う海水の水深は一様にはならず，地球と月の中心を結ぶ線上で最も大きく，その線と垂直で地球の中心を通る線上で最も小さくなります．この水深の分布に加えて，地球が自転していることも考えると，地球上の各地点は，水深が極大となる場所と極小となる場所をそれぞれ 1 日に 2 回ずつ通過することがわかります．これが，満潮と干潮が 1 日に 2 回ずつ現れることの平衡潮汐による説明になります．場所による月の引力の違いに伴って生じる，潮汐の要因となるこの力のことを，月による**起潮力**（tide generating force，または潮汐力）とよびます．

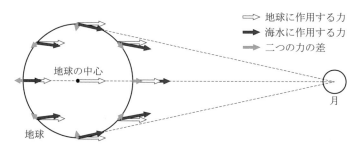

図 1.38　月による起潮力

　さらに，図 1.39 に示すように，ここに太陽のことも加えて考えてみましょう．太陽が地球と月を結ぶ線上にあるときには，太陽による起潮力は月による起潮力を強めるように作用し，場所による水深の差がより大きくなると考えられます．一方，太陽が地球と月を結ぶ線と垂直な線上にあるときには，太陽による起潮力は月による起潮力を弱めるように作用し，場所による水深の差は小さくなると考えられます．これらのことから，新月や満月の頃に潮差が大きくなる，すなわち大潮になること，および，上弦の月や下弦の月の頃に潮差が小さくなる，すなわち小潮になることが説明できます．

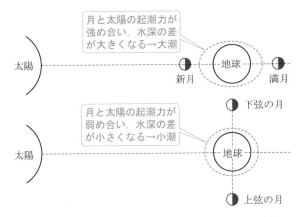

図 1.39　月の満ち欠けと大潮・小潮

(3)　調和分解と分潮

　前述したように，潮汐の基本的な特徴は，月や太陽による起潮力を用いて説明することができます．このことから，潮汐による潮位の変動は，天体の運動に対応するいくつかの周期的な変動の和で表すことができると考えられます．この考えに基づいて，実際の潮位変動の記録を複数の規則波に分解することを潮汐の**調和分解**（harmonic analysis）とよび，得られた個々の規則波を**分潮**（tidal constituent）とよびます．ある地点における各分潮のパラメータ（振幅や周期など）が得られると，その地点における将来の潮位を予測することができます．

　気象庁の潮位表に記載されている日本各地の潮位の予測値は，60 個の分潮を用いて求められた値です（気象庁 Web ページ）[17]．しかし，その中でもとくに重要な四つの分潮（M_2，S_2，K_1，O_1）だけでも潮位をおおむね予測することができ，これらの分潮は主要四分潮とよばれています．主要四分潮の名称と周期，および，日本沿岸のいくつかの地点における主要四分潮の振幅を表 1.1 に示します．分潮の振幅が求められている場合には，大潮時の潮差（大潮差）の平均は M_2 分潮と S_2 分潮の振幅の和の 2

表 1.1　主要四分潮（振幅の値は気象庁 Web ページ[18]による）

記　号	名　　称	周　期	振幅 [cm]			
			東京	新潟西港	広島	熊本
M_2	主太陰半日周潮	12 時間 25 分	47.85	5.59	101.52	130.97
S_2	主太陽半日周潮	12 時間 00 分	23.71	2.03	42.10	57.87
K_1	日月合成日周潮	23 時間 56 分	25.27	5.30	31.05	28.04
O_1	主太陰日周潮	25 時間 49 分	19.67	5.41	22.80	21.59

倍，小潮時の潮差（小潮差）の平均は M_2 分潮と S_2 分潮の振幅の差の 2 倍でそれぞれ与えられます．

(4)　潮位の基準面

　潮位は，ある面を基準として，そこからの高さで表されます．通常，潮位の値がマイナスにならないような面が基準として用いられます．このような面は**基本水準面**（chart datum level, C.D.L.）または観測基準面や最低水面などとよばれています．たとえば，調和分解により主要四分潮の振幅が得られていれば，一定期間の潮位の平均である**平均海面**（mean sea level, M.S.L.）から主要四分潮の振幅の和のぶんだけ下方にとった面が基準として用いられます．この面は，主要四分潮の波の谷がすべて重なり合ったときの海面の位置を表しており，潮位がこの面を下回ることはほとんどありません．

　各地域の潮位表などには，潮位変動の目安を与えるために，朔（新月）と望（満月）の前後数日の間に観測された各月の最高と最低の潮位を，それぞれ一定の期間にわたって平均した朔望平均満潮面と朔望平均干潮面の高さや，これまでに記録した最高と最低の潮位（高潮等による変動も含む）である既往最高潮位と既往最低潮位なども記載されています．津波や高潮による浸水を想定する際には，これらの値を踏まえて数値予測計算などが行われます．

　潮位を陸上の地形や構造物の高さと比べる場合には，潮位を標高で表す必要があります．日本での標高は，明治時代の東京湾における観測結果に基づいて定められた**東京湾平均海面**（Tokyo Peil, T.P.）[†]を基準として，そこからの高さで表されます．通常，基本水準面の標高が与えられているので，それを用いて潮位を標高で表します．また，地域によっては，その地域独自の基準となる面を用いて，潮位や構造物の高さを表していることがあります．たとえば，東京湾沿岸の一部地域では，荒川工事基準面（Arakawa Peil, A.P.）が用いられています．これは，明治時代に定められた当時の

　[†]　河川や港湾に関する土木事業を進めるために，明治政府はオランダから技術者を招いており，彼らの指導の下にこれらの基準となる面を定めたため，オランダ語で基準面を意味する Peil が用いられています．

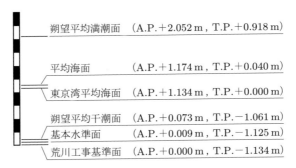

朔望平均満潮面 （A.P.＋2.052 m，T.P.＋0.918 m）

平均海面 （A.P.＋1.174 m，T.P.＋0.040 m）

東京湾平均海面 （A.P.＋1.134 m，T.P.＋0.000 m）

朔望平均干潮面 （A.P.＋0.073 m，T.P.−1.061 m）
基本水準面 （A.P.＋0.009 m，T.P.−1.125 m）
荒川工事基準面 （A.P.＋0.000 m，T.P.−1.134 m）

図 1.40　東京における各基準面の位置関係（東京都港湾局 Web ページ[19]）の図を基に作成．朔望平
　　　　均満潮面・干潮面，平均海面，基本水準面は 2013〜2017 年の平均値）

基本水準面ですが，大潮時の干潮面におおむね等しいことから，現在でも各所で用い
られています．図 1.40 に，東京における各基準面の位置関係を示します．

例題 1.8　東京湾沿岸のある地点におけるある時刻の潮位の記録を確認したところ，1.35 m
でした．この地点の基本水準面の標高が −1.00 m であるとき，この時刻の潮位を T.P. お
よび A.P. で表記しなさい．
解答　基本水準面の高さは T.P.−1.00 m であるので，この時刻の潮位を T.P. で表記する
と，T.P.＋0.35 m になります．図 1.39 より，A.P.＋0.000 m は T.P.−1.134 m と同じ高
さであるので，この時刻の潮位を A.P. で表記すると，A.P.＋1.48 m になります．

1.7.2　副振動

　湾や港といった閉鎖的な海域の開口部から周期の長い波が進入してくると，顕著な大
きさをもつ長周期の海面の変動が見られることがあります．これは，津波や高潮を除
けば，潮汐に次ぐ長さの周期をもつ海面の変動であることから，**副振動**とよばれます．
　図 1.41(a) のような，水深と幅が一定の細長い海域の開口部から，ある周期の波が
進入してくるとします．進入してきた波は，この海域の最奥部で反射し，重複波を生
じさせます．とくに，進入してきた波の波長の 1/4 がこの海域の長さにほぼ等しい場
合，図 (b) のように海域全体が大きく上下に変動するようになります．進入してきた
波は長波であるとすると，その波長は式 (1.28) で表されるので，図 (b) のような変動
を引き起こす波の周期 T_1 は，この海域の水深 h と長さ l を用いて，

$$T_1 = \frac{4l}{\sqrt{gh}} \tag{1.108}$$

と表されます．また，図 (c) のような変動を引き起こす波の周期 T_2 は，

$$T_2 = \frac{4l}{3\sqrt{gh}} \tag{1.109}$$

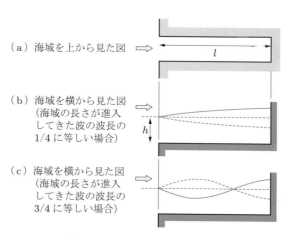

図 1.41　細長い海域に進入する波

と表されます．図 (b)，(c) のような変動は，それぞれ 1 次モードの変動，2 次モードの変動とよばれます．これらの式から，n 次モードの変動を引き起こす波の周期 T_n は，次式で表されることがわかります．

$$T_n = \frac{4l}{(2n-1)\sqrt{gh}} \tag{1.110}$$

このように，ある海域に対して特有の周期をもつ波が進入してきたときに，海域全体が大きく振動することが，副振動が発生する主たる要因と考えられます．

副振動の代表的な例として，長崎湾でたびたび観測される「あびき」とよばれる現象が挙げられます．長崎湾では周期 30〜40 分程度の顕著な海面の変動が観測されることがあり，1979 年 3 月には，港を中心に大きな被害が生じました．2019 年 3 月に

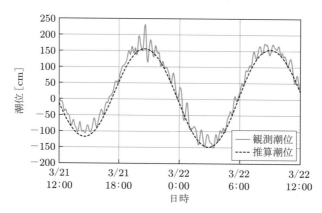

図 1.42　2019 年 3 月の長崎における観測潮位と推算潮位（海上保安庁海洋情報部 Web ページ[20]）の
　　　　5 分間隔の観測潮位のデータおよび気象庁 Web ページ[21]）の推算潮位のデータを基に作成）

も同様の変動が観測されており（図1.42），変動のピークが満潮と重なったこともあり，家屋や店舗に浸水による被害が生じ，交通にも大きな影響が生じました．長崎湾で生じるこのあびきは，南方の海上における気圧の急変によって生じた長周期の波が，長崎湾で副振動を引き起こしたものと考えられています．

　海域によっては，開口部に防波堤などの構造物があり，海域の最奥部で反射した波が再び開口部でも反射し，海域の両端で反射を繰り返すことが考えられます．このような場合には，特定の周期の波によりさらに大きな海面の変動（これも副振動の一種です）が引き起こされることが考えられるので，そのようなことが起こらないよう，防波堤の位置や開口部の大きさについて検討する必要があります．

Column　音波や光波と海の波

　みなさんが「波」というものを科学として意識したのはいつのことですか？

　中学の理科の教科書には音と光が扱われています．音が伝わる仕組みや波長，周期，音や光の反射や屈折などを勉強したはずです．また，高校の物理でも，波が物質を介して振動が伝わる現象であることや，波の特性として，波が重なり合ったり，反射をしたり，モノの後ろに回り込んだりすることも学んできたと思います．

　海の波は，風や海底の変動など何らかの形で発生した振動が海水を媒質として伝わっていく「波」ですので，反射や回折をしたり互いに干渉したりというような波に共通する特性をもっています．そして，海水という目に見える媒質のおかげで，波のもつ様々な特性を実際に見ることができます．

　この章では，海の波の基本的な事柄を学んだと思います．ぜひ，この章で学んだことを思い出しながら，いろいろな海岸で波を見てください．波が打ち寄せてくる周期や波高，向きといった基本的なことだけでなく，どこで波が崩れるのか，どういうときに大きな波が来るのか，そのときにはどのように波が重なって（干渉）いるのかといったことや，波がどういうふうに岩陰への回り込む（回折）のか，波は構造物を回り込むのに防波堤で囲われた港にはどうして波が入ってこないのかなどを現地で考えてみるのはとても楽しいことで，海岸工学の知識があれば，それを理解することに大いに役に立つことになります．

演習問題

1.1 周期 $T = 5.0\,\mathrm{s}$，波高 $H = 0.8\,\mathrm{m}$ の波が，水深 $h = 30.0\,\mathrm{m}$ の場所を進んでいます．このとき，以下の問いに答えなさい．

(1) この波の波長 L と波速 C を求めなさい．

(2) この波は深海波，浅海波，長波のいずれに分類されるか説明しなさい．

(3) この波による流速の水平方向成分の最大値 $u_{\max}$ の鉛直方向分布を描きなさい．

1.2 周期 $T = 8.5\,\mathrm{s}$, 波高 $H_0 = 1.0\,\mathrm{m}$ の波が, 水深の十分深い沖合いから, 海底勾配 $i = 1/100$ の海岸に向かって進んでいます. このとき, 以下の問いに答えなさい. ただし, この波が海岸に向かって進む途中で屈折や回折は生じていないものとします.

(1) 沖合いでの波長 L_0 と波速 C_0 を求めなさい.

(2) 水深 $h = 5.0\,\mathrm{m}$ の地点における波高 H, 波長 L, 波速 C を求めなさい.

(3) この波が砕波する地点における水深 h_b を, 合田の砕波指標を用いて求めなさい.

1.3 周期 $T = 10.3\,\mathrm{s}$, 波高 $H_0 = 2.0\,\mathrm{m}$ の波が, 水深の十分深い沖合いから, 直線の等深線が平行に並んでいるような海域に向かって入射角 $\beta_0 = 30°$ で進んでいます. このとき, 以下の問いに答えなさい.

(1) 水深 $h_1 = 10.0\,\mathrm{m}$ の地点における波高 H_1 と波の入射角 β_1 を求めなさい.

(2) 水深 $h_2 = 5.0\,\mathrm{m}$ の地点における波高 H_2 と波の入射角 β_2 を求めなさい.

1.4 波浪の観測により, 問表 1.1 に示すような 30 個の波からなる波形が得られました. このとき, 以下の問いに答えなさい.

(1) 有義波高 $H_{1/3}$ と有義波周期 $T_{1/3}$ を求めなさい.

(2) 波高の相対度数分布を描き, その上にレイリー分布を重ねて描きなさい.

問表 1.1 波浪の観測により得られた波高と周期

波高 [m]	周期 [s]	波高順位	波高 [m]	周期 [s]	波高順位
0.71	6.2	27	1.58	4.7	16
2.77	5.1	6	1.63	9.1	15
3.30	6.3	2	1.11	5.0	22
1.88	6.2	11	0.76	7.2	26
1.23	5.1	21	1.65	4.3	14
2.94	4.2	5	0.49	5.8	28
2.15	9.2	10	2.25	5.3	9
2.37	6.7	8	1.73	7.4	12
1.50	4.8	18	1.33	8.0	20
3.06	5.1	4	0.93	6.8	25
3.56	5.8	1	1.01	6.5	23
1.73	4.6	13	1.34	9.0	19
2.47	4.8	7	3.11	4.5	3
1.53	4.2	17	0.46	8.8	29
0.96	5.9	24	0.33	6.1	30

1.5 水深が十分深い, 沖合いのある海域において, ある日の 0 時から 6 時までは, 風速 $U_1 = 16\,\mathrm{m/s}$, 吹送距離 $F_1 = 80\,\mathrm{km}$ で風が吹いていました. 6 時を境に風の状況が変化し, 6 時から 12 時までは, 風速 $U_2 = 22\,\mathrm{m/s}$, 吹送距離 $F_2 = 100\,\mathrm{km}$ で風が吹いていました. このとき, 以下の問いに答えなさい.

(1) 3 時と 6 時のそれぞれの時刻における風下の地点で生じている風波の有義波高と有

義波周期を，SMB 法を用いて求めなさい．

(2) 風速 16 m/s の風から 6 時間にわたって受け取ったエネルギーは，風速 22 m/s の風から受け取るエネルギーの何時間ぶんに相当するか求めなさい．その結果を用いて，9 時と 12 時のそれぞれの時刻における風下の地点で生じている風速の有義波高と有義波周期を，SMB 法を用いて求めなさい．

1.6 問図 1.1 のような，水深と幅が一定の細長い海域の開口部から波が進入してきたところ，この海域の中で副振動が発生しました．この海域の長さを $l = 8000\,\mathrm{m}$，水深を $h = 30\,\mathrm{m}$ とするとき，以下の問いに答えなさい．

(1) 発生した副振動が 1 次モードの変動であるとき，進入してきた波の周期を求めなさい．

(2) 発生した副振動が 2 次モードの変動であるとき，進入してきた波の周期を求めなさい．

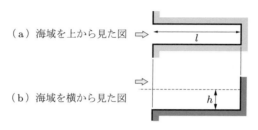

問図 1.1　水深と幅が一定の細長い海域

2 沿岸災害と減災方法

　沿岸災害には，大きく分類すると津波，高潮，高波の三つの事象が挙げられます．いずれも発生すると，人間社会や自然界に大きな被害をもたらす可能性があります．本章では，これらの沿岸災害についてそのメカニズムを解説します．また，最新の対策事例についてもいくつかを紹介します．

2.1 津 波

　津波（tsunami）は多くの場合，海底での地震による断層の変位によって発生します．地震によって断層が隆起（もしくは沈降）することで，断層の上にある海水がもち上げられ（もしくは沈み込み），津波が生成されます．津波を発生させる断層の大きさは，水平スケールで数十 km～数百 km で，上下に数 m 程度動くことで津波が発生します．断層の大きさは地震のマグニチュードの大きさと関連しており，M8 クラスの地震だと断層の大きさは数百 km 程度です．気象庁の発表資料[1]によれば，東日本大震災の断層の大きさは，長さ約 450 km，幅約 200 km とされています．1 章で説明したとおり，長波とは水深に対して波長が長い波のことで，目安として波長が水深の20 倍以上の波のことを指します．たとえば，水深 1000 m であれば，波長 20 km 以上の波は長波とみなすことができます．津波の波長は，断層の大きさから想像できるように，数十 km～100 km のオーダーをもちます．海洋の水深は平均的には 2～5 km ですから，津波は十分に長波とみなすことができます．2004 年のインド洋津波では，インドネシアのアチェにおいて，48.9 m の津波高さを丘の上で計測しました[2]．

　津波の発生原因は，海底地震だけではありません．地震の揺れによって，陸上や海底で地すべりが発生し，それが海水を隆起させることでも津波は発生します．たとえば，1958 年にアラスカのリツヤ湾で発生した津波は，斜面崩壊によって引き起こされました．近年では，2018 年にインドネシアのスラウェシ島（パル）を襲った津波は，複数の海底地すべりによって引き起こされたことが知られています．また地震だけでなく，火山活動に伴い津波が発生した例もあります．近年では，2018 年にインドネシアのスンダ海峡にあるアナク・クラカタウ火山が噴火し，その山体崩壊の影響で津波が発生しました．日本でも 1792 年の島原眉山崩壊により，有明海の沿岸域で大きな

津波が発生したことが報告されています[3]．

2.1.1 津波の支配方程式

上述のように，津波は長波とみなすことができます．長波には，

- 水粒子の鉛直方向の加速度が重力加速度に比べて小さいため，内部の圧力が水面の高さより定まる静水圧で近似できる
- 水粒子の水平方向の流速が水深方向に大きく変化しないため，平均流速を見れば流れ場の特性が把握できる

という大きな特徴があります．津波の理論には，考慮する物理的事象の数や厳密さに応じていくつかの理論方程式があり，**線形長波方程式** (linear shallow water equation)，**非線形長波方程式** (nonlinear shallow water equation)，**非線形分散長波方程式** (nonlinear dispersive long wave equation) などが存在します．ここでは，微小直方体を対象とした連続式と運動方程式（ナビエ・ストークスの方程式）を積分することで，津波の理論方程式の一つである非線形長波方程式を導いてみましょう．この方程式は，津波の数値解析を行う際に，現在最も一般的に用いられている方程式です．

まずは，津波の連続式を考えます．微小直方体を対象とした非圧縮性流体の連続式は，次式で表されます (▶ 付録 A.3.1 項参照)．

$$\frac{\partial u}{\partial x} + \frac{\partial v}{\partial y} + \frac{\partial w}{\partial z} = 0 \tag{2.1}$$

詳細は割愛しますが，この式を水底から水面まで積分し，ライプニッツの法則とよばれる積分法則を用いて整理すると，

$$\frac{\partial \eta}{\partial t} + \frac{\partial M}{\partial x} + \frac{\partial N}{\partial y} = 0 \tag{2.2}$$

が得られます[4]．ここで，η は津波の高さ，M，N は線流量で x 方向，y 方向の平均流速と全水深 D（津波の高さ η と初期水深 h の和）の積と定義されます．この式が，津波の連続式です．この式は，図 2.1 に示すように，x 方向からの流入出量と y 方向からの流入出量の総和が，微小領域（面積 $dxdy$）での微小時間あたりの水位変化に等しいということを意味しています．

次に，ナビエ・ストークスの方程式を基に津波の運動方程式を考えてみましょう．ナビエ・ストークスの方程式の x 方向成分は，

$$\frac{\partial u}{\partial t} + u\frac{\partial u}{\partial x} + v\frac{\partial u}{\partial y} + w\frac{\partial u}{\partial y} = X - \frac{1}{\rho}\frac{\partial p}{\partial x} + v\left(\frac{\partial^2 u}{\partial x^2} + \frac{\partial^2 u}{\partial y^2} + \frac{\partial^2 u}{\partial z^2}\right) \tag{2.3}$$

と表されます．長波の場合，圧力は静水圧で近似できること，せん断力は粘性による流体内部のせん断力と海底から受ける摩擦力の二つがあることを踏まえて整理すると，

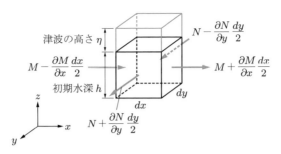

図 2.1　津波の連続式の概念図

$$\frac{\partial M}{\partial t} + \frac{\partial}{\partial x}\left(\frac{M^2}{D}\right) + \frac{\partial}{\partial y}\left(\frac{MN}{D}\right) = -gD\frac{\partial \eta}{\partial x} + v_h\left(\frac{\partial^2 M}{\partial x^2} + \frac{\partial^2 M}{\partial y^2}\right) - \frac{\tau_{bx}}{\rho}$$
$$(2.4)$$

が得られます. ここで, v_h は水平渦動粘性係数, τ_{bx} は海底摩擦によるせん断力です. これが津波の x 方向の運動方程式です. y 方向についても考えると,

$$\frac{\partial N}{\partial t} + \frac{\partial}{\partial x}\left(\frac{MN}{D}\right) + \frac{\partial}{\partial y}\left(\frac{N^2}{D}\right) = -gD\frac{\partial \eta}{\partial y} + v_h\left(\frac{\partial^2 N}{\partial x^2} + \frac{\partial^2 N}{\partial y^2}\right) - \frac{\tau_{by}}{\rho}$$
$$(2.5)$$

となります. 式 (2.2), (2.4), (2.5) を非線形長波方程式とよびます. ただし, 水平渦動粘性係数の項は影響が大きくないので省略する場合もあります. 左辺第 2 項, 第 3 項は移流項とよばれ, 津波が比較的浅い水深 (おおむね 50 m 以浅) に入り, 波の前面が切り立った波形になっていく現象を再現するのに重要です. 水深が小さくなると移流項の影響が大きくなるのは, 移流項の分母に全水深があることからも理解できます.

一方で, 津波が 50 m よりも深い海を伝播しているときには移流項の影響や海底摩擦の影響は大きくありません. そこで, 比較的深い海を伝播する津波の運動方程式は,

$$\frac{\partial M}{\partial t} = -gD\frac{\partial \eta}{\partial x} \tag{2.6}$$

$$\frac{\partial N}{\partial t} = -gD\frac{\partial \eta}{\partial y} \tag{2.7}$$

と簡略化することができます (水平動粘性係数の項の影響も無視していることに注意してください). この式は線形長波方程式とよばれます. これらの式を, 連続式 (2.2) を用いて一つの式に変形すると,

$$\frac{\partial^2 \eta}{\partial t^2} - gD\left(\frac{\partial^2 \eta}{\partial x^2} + \frac{\partial^2 \eta}{\partial y^2}\right) = 0 \tag{2.8}$$

が得られます. この式は, 物理学で波動方程式とよばれる式と同じ形です. 深海域の場合, 津波による水位上昇は水深に比べて大きくありませんので, 全水深 $D \doteqdot h$ が成

り立ちます．すると，波動方程式の形から，式 (2.8) を満たす解（ここでは η，すなわち波形）は以下の速さで動くことになります．

$$C = \sqrt{gh} \tag{2.9}$$

この式は，比較的深い海を伝播する**津波の速さ**を示しています．この式から，津波が伝播する速さは水深のみによって決まることがわかります．たとえば，水深 5 km では約 220 m/s（約 800 km/h），100 m では約 31 m/s（約 110 km/h）となります．

2.1.2 津波の浅水変形

津波も波の一つですから，1 章で説明した浅水変形，屈折，回折は津波に対しても当てはまります．微小振幅で屈折なしを仮定した場合，浅水係数は理論的に以下の式で求めることができました．

$$K_s = \frac{\eta}{\eta_0} = \sqrt{\frac{1}{2n}\frac{C_0}{C}} \tag{2.10}$$

$$n = \frac{1}{2}\left(1 + \frac{4\pi h/L}{\sinh 4\pi h/L}\right) \tag{2.11}$$

津波の場合，波長が長いため水深波長比を 0 とおき，深海での水深を h_0，任意の場所の水深を h とすると，波速が式 (2.9) で表されることから，

$$\eta = \eta_0 \left(\frac{h_0}{h}\right)^{1/4} \tag{2.12}$$

が得られます．この式は，津波の波高を簡易的に算定するのに有用な式です．具体的には，沖合の水深 h_0 と波高 η_0，求めたい地点の水深 h がわかれば，その地点での津波の波高を予測することができます．

例題 2.1 水深 1000 m 地点の沖合で 50 cm の津波が観測されました．この津波が水深 10 m 地点まで伝播してきた場合の高さを求めなさい．

解答 式 (2.12) より，

$$\eta = \eta_0 \left(\frac{h_0}{h}\right)^{1/4} = 0.5 \times \left(\frac{1000}{10}\right)^{1/4} = 1.58 \text{ m}$$

となります．

2.1.3 津波の屈折

1 章でも示したように，波が海洋を伝播する速度は水深に依存します．図 2.2 のように，海岸線に対して斜めに入射してくる津波を考えましょう．2 地点を結ぶ線 AB が津波の峰を表していると考えてください．地点 A と地点 B を比べると，地点 A の

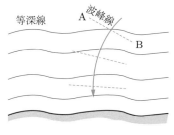

図 2.2　津波の屈折

方が水深が深いため，式 (2.9) から明らかなように津波の伝播速度は地点 A の方が大きくなります．そのため，海岸線に近づいたときには，津波の峰は海岸線におおよそ平行になります．これが，津波の屈折です．

　1 章で説明したように，屈折の影響により，海岸線では津波のエネルギーが集まるところと発散するところが存在するようになります（図 2.3）．たとえば，岬の先端のように水深が浅い部分が沖合まで広がっているところでは，屈折により沖合から岬の先端へと津波が集中していきます．このようなところでは，津波の高さが局所的に高くなる現象が見られます．一方で，水深の深い部分が海岸線近くまで広がっているところでは，津波が発散していくため津波の高さが低くなります．

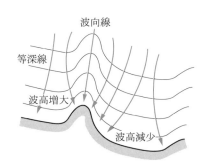

図 2.3　津波の屈折による波高増大・減少

　また，平面的な地形も津波に大きな影響を与えます．リアス式海岸のような V 字形状をもつ湾では，湾奥では津波は発散するどころか集中して，津波の高さは大きくなります．この現象は，津波の屈折として理解するよりも，津波の流れの集中として考えるほうがわかりやすくなります．一般的に，日本のリアス式海岸の湾の奥行きは数 km 程度ですが，これに対して，津波の波長は 100 km 程度あります．つまり，湾の中に津波の波長はすべて入りません．そのため，湾の中で津波は屈折を起こすことはできず，発散することもできません．むしろ，湾の側から見ると，津波が来襲してき

た場合には，波が押し寄せてきたというよりも，一方向の速い水の流れが押し寄せてきたと考えるほうが妥当です．一方向の水の流れは，湾の幅が狭くなればそのぶんエネルギーが集中し，当然水面も高くなります．湾内における津波の高さの増大は，式 (2.12) に湾の幅変化による波向線の間隔の変化を考慮して，次のように表します．

$$\eta = \eta_0 \left(\frac{h_0}{h}\right)^{1/4} \left(\frac{b_0}{b}\right)^{1/2} \tag{2.13}$$

ここで，h_0 は湾口での水深，b_0 は湾口の幅，h は算定したい地点での水深，b は算定したい地点での湾の幅です．この式は，**グリーンの法則**（Green's law）とよばれ，湾口から湾奥に至るまでの津波の波高変化を簡易的に算定するために用いられます．

2.1.4 津波の共振

津波が湾の中で高くなる要因の一つとして，最後に津波と湾との共振を紹介します．津波が湾の中に入って湾奥に到達すると，当然反射されて湾口へと向かいます．その後，多くのエネルギーは湾口から沖合へと放射されますが，一部は湾口での水深変化によって再度反射されて湾奥へと戻ります．この反射と同期して，津波の第 2 波がやってくると湾内で津波の高さが高くなります．これが津波と湾の共振です．1 章の副振動の解説で紹介したように，湾口で節，湾奥で腹となる振動条件を考えると，湾の固有周期は次式で表されます．

$$T = \frac{4l}{\sqrt{gh}} \tag{2.14}$$

ここで，l は湾の長さ，h は湾内の代表水深です．この式により定まる湾の固有周期に近い周期をもつ津波が湾にやってくると，湾内で津波が高くなります．日本の湾の固有周期は 10 分〜40 分の場合が多く，津波の周期もおおむね同程度であるため，共振による津波の増幅を考慮しておくことは重要です．

2.1.5 津波による災害事例

津波による災害は，大雨による洪水や地震，火災と比べると発生頻度の小さい災害です．一方で，発生した津波の規模が大きければ，大きな被害をもたらします．近年の津波災害で最も記憶に新しいのは 2011 年の東日本大震災でしょう．津波の浸水により，死者・行方不明者計 18,000 人を超える人的被害が発生したことに加え，沿岸構造物，家屋・建物，インフラ施設，火力・原子力発電所など大きな物的被害も生じました．とくに，東北地方には 20 m を超える津波も来襲しました．津波の高さや被害の様子は，柴山の文献[5] にまとめられています．

通常，津波は地震による断層のずれが原因で発生しますが，前述したようにスラウェ

シ島の海底地すべり津波やアナク・クラカタウ火山の山体崩壊による津波は，それぞれ異なるメカニズムで発生しました[6-8]．そのため，これらの災害では津波警報が有効に機能せず，被害が大きくなりました．

図 2.4 に示すのは，2011 年東日本大震災，2018 年スラウェシ島地震津波の後に撮影した被災地の写真です．津波により，沿岸近くにあった構造物，家屋・建物が大きな被害を受けている様子がわかります．

（a）2011 年東日本大震災　　　　　　（b）2018 年スラウェシ島地震津波

図 2.4　津波被災地の写真

2.1.6　近年の津波対策

日本は，津波の常襲地帯として知られ，世界でも最も津波対策に時間と労力を費やしてきた国の一つです．とくに東北地方は，明治三陸津波（1896 年），昭和三陸津波（1933 年），チリ地震津波（1960 年）など，東日本大震災以前にも大きな津波被害が生じていた地域であり，先進的な津波対策がとられていた地域でした．それでも，東日本大震災は東北地方に大きな被害をもたらしたことから，日本では津波対策の見直しが進められています．

東日本大震災がもたらした日本の津波対策における大きな変化は，地域ごとに二つの津波防護レベルを設定するようになったことです．

- レベル 1：防潮堤や海岸堤防など海岸保全施設の設計に用いる津波高に対するもので，数十年から百数十年に一度の津波を対象とし，人命および資産を守るレベル
- レベル 2：津波レベル 1 を上回る，海岸保全施設の適用限界を超える津波高に対するもので，500 年から 1000 年に一度の津波を対象とし，人命を守るために最大限の措置を行うレベル

つまり，中規模程度の津波に対しては構造物などのハード対策で人命と資産を守り（レベル 1），巨大津波に対しては人命被害を最小限にすることが求められています（レベル 2）．この背景には，発生頻度がきわめて小さいが大きな津波（つまり津波レベル

2) を，ハード対策だけで守ることの難しさがあります．巨大な防潮堤を建設し維持するためには，大きなお金や労力がかかるのに加え，それだけ大きな構造物は周辺の景観や環境にも影響を及ぼすためです．そのため，レベル 2 の津波に対応するためには，ハード対策だけでなく，避難計画の整備などソフト対策を組み合わせることが重要です．

例題 2.2　今後 50 年間で，レベル 1，レベル 2 の津波が一度以上発生する確率をそれぞれ求めなさい．ただし，レベル 1 の津波は 100 年に 1 回，レベル 2 の津波は 500 年に 1 回発生することとします．

解答　レベル 1 津波が 50 年間に一度以上発生する確率は，

$$1 - \left(\frac{99}{100}\right)^{50} = 0.394\ldots$$

より，約 39％です．

レベル 2 津波が 50 年間に一度以上発生する確率は，

$$1 - \left(\frac{499}{500}\right)^{50} = 0.095\ldots$$

より，約 9.5％です．

Column　植物を活用した護岸対策

　海外では，護岸の一部として植物を活用するケースが増えてきています．とくに，ヨーロッパ諸国やアジア諸国では，そのような対策を後押しする研究が盛んに進められています．また，開発途上国の国々でもマングローブなどを活用した海岸保全に注目が集まっています．たとえば，2018 年 9 月にインドネシアのスラウェシ島で発生した地震では，地滑り性の津波が中部のパル湾で発生し，2,000 人以上の犠牲者を出しました．このとき地元の市民や学者などから，海岸地域の復興にはマングローブを活用すべきとの声が数多く挙がりました．2004 年のスマトラ沖地震においては，幅広いマングローブが存在したおかげで津波被害が軽減したと思われる場所が，スリランカ南部のタララ（Talalla）やレカワ（Rekawa），またインド南東部のパランギペッタイ（Parangipettai）などで確

植物を活用して，天端の高さを抑えた親水護岸（中国・広東省）

認されています[9, 10]. しかし，一般的に津波に代表される長周期性の波は，エネルギーがなかなか減衰しないため，植物の効果は限定的と考えられます. また，海岸の地形や植生分布，樹林幅も一様でないため，津波来襲後に効果を調査するのも一筋縄にはいきません. 東北津波では防潮林の木が漂流し，被害を増大した事例も報告されています. しかし，周期がずっと短い風波に対してであれば，エネルギーの低減効果はもう少し期待できます. 植物を海岸保全に使うという発想は，日本ではいまのところ一般的でないですが，海外の先行事例を参考にしながら，そのような対策を提案できる技術者が増えてくると，今後海岸保全のレパートリーが増えてくるのではないでしょうか.

2.2 高潮と高波

　本節では，近年沿岸域に人的・物的被害を引き起こしている高潮と高波について解説します. 最初に，高潮や高波を発生させる温帯低気圧と熱帯低気圧の違いについて説明します. 次に，高潮を構成する四つの因子について説明します，そして，近年の高潮防災対策について解説します. また，高波の計算に用いられるエネルギー平衡法方程式の基礎式について解説します. 最後に，高潮・高波による沿岸災害の過去の実例を解説することで，高潮・高波が引き起こす沿岸被害を分析します.

2.2.1 高潮の概要

　温帯低気圧（extra-tropical cyclone）や熱帯低気圧（tropical cyclone）などの極端な気象現象が洋上で発生し，それらが沿岸域に近づくと，長周期波である高潮が発生します. この高潮の強度が大きいと，港湾などの堤外地だけではなく，海岸に隣接する居住地域といった堤内地においても高潮の浸水被害が発生して，人的・物的被害を引き起こします. 最近の顕著な高潮災害の事例としては，2013年11月に発生した台風ハイヤンによる高潮災害があります. 台風ハイヤンは895 hPaまで中心気圧が低下した状態でフィリピンのレイテ島・サマール島を横断したため，同沿岸域においては6 mを超える巨大な高潮が発生して，7,000人を超える人命が失われました. また，地球温暖化に伴って，熱帯低気圧の強度が増加する可能性があるという研究報告も多く発表されており，将来の高潮の強度や頻度の分布の予測が学術的に重要視されています.

　熱帯低気圧や温帯低気圧の発生する地域において高潮は発生します. ここで，熱帯低気圧による顕著な高潮の最高高潮偏差を図2.5に示します. 高潮を引き起こす熱帯低気圧は，ハリケーン（hurricane），サイクロン（cyclone）やタイフーン（typhoon, 台風）というように，発生した地域や風速の強度によって区別されます. たとえば，西

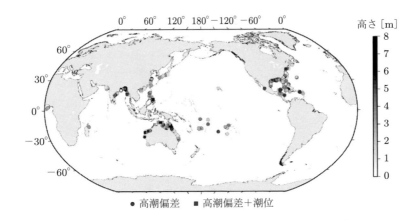

図 2.5 熱帯低気圧による代表的な高潮ハザードの世界分布（SurgeDat[11] を用いて作成）

太平洋で発生した最大風速 17 m/s 以上の強度をもった熱帯低気圧を台風とよびます.

2.2.2 熱帯低気圧と温帯低気圧

　熱帯低気圧と温帯低気圧は，高潮を発生させるポテンシャルをもつという共通点があるものの，その発生機構や大気熱力学的特徴は大きく異なります. 日本においては，熱帯低気圧（台風）による高潮の被害（たとえば，大正 6 年台風（1917 年），伊勢湾台風（1959 年）や台風 21 号（2018 年）による大阪湾の高潮被害）と比較すると，温帯低気圧による高潮の被害は少ない傾向にあります. しかしながら，2014 年 12 月中旬には，北海道根室市において，急速発達した温帯低気圧による高潮で浸水被害が発生しました（▶ 2.2.9 項で詳しく説明します）. 本項では，高潮を発生させる地上の気圧と風速という二つの大気力学的構造に注目してこれらの低気圧を解説します.

(1) 熱帯低気圧

　熱帯低気圧はマイヤー（Myers）の経験式[12]やホランド（Holland）の評価式[13]に古くから示されているように，ほぼ同心円状の気圧分布の構造をもち，それが地上から気圧高度 300 hPa（対流圏界面）くらいまで続いています. コリオリ力の作用と台風の進行速度から力を受けるため，北半球（南半球）では，低気圧の進行方向に向かって東側（西側）の風速が，西側（東側）の風速よりも大きくなります. ここで，解析式より台風の気圧と風速分布を評価してみましょう. 熱帯低気圧の解析モデル[13]における気圧 p と気圧の平面分布による風（傾度風, geostrophic wind）V_g は，以下のように表されます.

$$p = p_c + (p_n - p_c) \exp\left(-\frac{A}{r^B}\right) \tag{2.15}$$

$$V_g = \sqrt{AB(p_n - p_c)\frac{\exp(-A/r^B)}{\rho r^B} + \frac{r^2 f^2}{4}} - \frac{rf}{2} \tag{2.16}$$

ここで，p_c：熱帯低気圧の海面更正中心気圧，p_n：平均海面気圧（1013 hPa），A：最大風速半径，B：低気圧ごとのパラメータ（およそ0.1〜2.0），r：中心からの距離，ρ：大気の密度，f：コリオリ力です．

　さらに，熱帯低気圧内外における風の平面分布は，低気圧の進行する速度によっても影響を受けます．次に，この台風の移動速度に伴う風の場を考えます．図2.6(a) のように，傾度風によって中心へ角度 α で吹き込む風（中心対称風）V_s を考え，その大きさは傾度風 V_g に比例するとして，この係数を C_s とします．また，図 (b) のように，低気圧の進行速度を V として，台風の進行が引き起こす場の風を V_f とします．ここで，V_f は台風の進行方向に比例して吹いており，その大きさは傾度風速と進行速度よりも小さくなります．

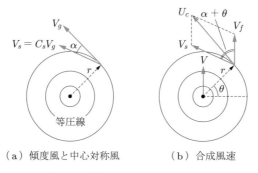

（a）傾度風と中心対称風　　　（b）合成風速

図 2.6　熱帯低気圧における風の場

　これらを考慮して，中心対称風と，進行による風の場を合成します．この合成風速を U_c とすると，V_s，V_f，U_c は以下のように表されます．

$$V_s = C_s V_g, \quad V_f = \frac{C_f V V_s}{C_s V_{g\,\mathrm{max}}} \tag{2.17}$$

$$U_c = \sqrt{V_s^2 + V_f^2 - 2V_s 2V_f \cos(\pi - \theta - \alpha)} \tag{2.18}$$

ここで，C_s，C_f はそれぞれ，中心対称風に関する係数，熱帯低気圧の進行を含めた風の場に関する係数で，$V_{g\,\mathrm{max}}$ は傾度風の最大風速です．各係数の値は研究によって異なりますが，0.7 程度とする研究が報告されています（たとえば井島[14] など）．

　このように，海面更正の式 (2.15) と地上付近の風速の式 (2.18) を用いることで，高

潮の数値計算に必要な海面更正気圧と地上付近の風速という，二つの重要な気象外力を求めることができました．これらの外力を用いることで，高潮のメソスケール数値計算を行うことができます．

(2) 温帯低気圧

熱帯低気圧の場合とは異なり，**温帯低気圧**の外力（気圧場，風速場）を解析できる経験式はほとんどありません．温帯低気圧は前線を伴うために，その水平方向の構造は非対称な気圧・風の分布をもちます．そのため，熱帯低気圧のような同心円状の仮定ができず，経験式や解析式を構築することが困難であるからです．このような温帯低気圧の構造に関しては，数値計算結果を分析して，水平・鉛直方向の低気圧の構造を理解することが必要です．

図 2.7 に，2014 年の根室で高潮を引き起こした発達中の温帯低気圧と，2018 年の台風 21 号の，海面更正気圧と地上 10 m の風速分布の比較を示します．前線が存在するため，温帯低気圧の風速分布と気圧分布は，熱帯低気圧と比較して，前述したように非対称な構造をしています．ただし，低気圧の中心付近において最低中心気圧をもっていること，中心付近では風速の強度が大きいことは熱帯低気圧の構造と類似しています．これらの特徴をもつため，温帯低気圧は高潮を発生させるポテンシャルをもちます．また，急速に発達し中心気圧が極端に低下した温帯低気圧の中には，同心円状の気圧分布や風速構造で近似できる場合もあります[15]．

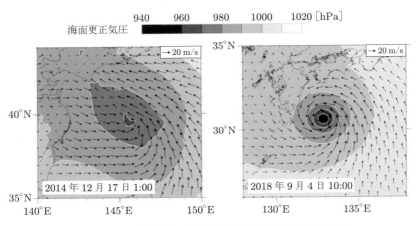

図 2.7 温帯低気圧と熱帯低気圧の海面更正気圧と地上風速分布の比較
（表示は日本時間．気象庁 GPV-MSM の数値予報結果[16]を用いて作成）

例題 2.3　高潮を発生させる大きな二つの低気圧と，その特徴の違いについて答えなさい．

解答　台風などの熱帯低気圧と，冬季に発生するような温帯低気圧の二つがあります．熱帯低気圧の地上風速の分布はおおむね同心円状ですが，温帯低気圧の地上風速の分布は非対称です．

2.2.3　高潮を構成する因子

高潮発生時の水位は，(1) 天文潮位，(2) 気圧低下による吸い上げ，(3) 風による吹き寄せ，(4) 風波によるセットアップ，で構成されます（図 2.8）．これらの成分が重なると高潮は大きくなります．また，高潮と高波は同時に発生するため，注意が必要です．

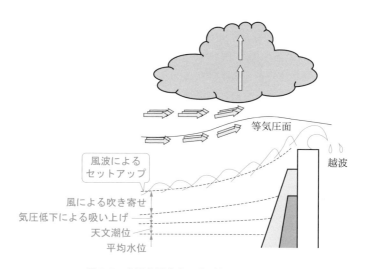

図 2.8　高潮を構成する重要な四つの因子

（1）　天文潮位の影響

高潮浸水による被害が大きくなるのは，**天文潮位**が高くなる時間においてです．高潮が持続する時間は最大でも数時間程度ですが，ちょうどそのとき天文潮位が高くなる時間帯，とくに大潮の時期と重なると，高潮の強度が大きくなります．

（2）　気圧低下による吸い上げ

低気圧が通過すると，地上付近の気圧が平時の状態よりも低下します．気圧が低下すると，**吸い上げ**られる形で水面が上昇します．これは日常生活でも，同じ原理で水を張ったバスタブ内でおけを逆さまにして持ち上げ，真空状態を利用すると水面が盛

り上がる現象として確認できます．ここで，気圧の低下に伴う海面上昇量 Δh は，定常状態では次式のように表されます．

$$\Delta h = 0.99(p_n - p)\,[\mathrm{cm}] \tag{2.19}$$

ここで，p_n：平均海面気圧（1013 hPa），p：実気圧 [hPa] です．つまり，1 hPa の低下に対して，海面が 0.99 cm 上昇します．ただし，台風は移動するため，定常状態に達せずに変化する場合が多いことが考えられます．

例題 2.4 大阪湾上空を通過した台風によって高潮が発生しました．このとき，関西国際空港付近で海面更正気圧 962 hPa を観測しました．この地点における高潮の，気圧による吸い上げ成分を計算しなさい．

解答 式 (2.19) を用いて，次のようになります．

$$\Delta h = 0.99(p_n - p) = 0.99(1013 - 962) = 50.5\,\mathrm{cm}$$

(3) 風による吹き寄せ

強風が沖合から海岸に向かって吹くことによって，水塊が沿岸方向に**吹き寄せ**られます．この際に，水塊が沿岸域に溜まり，海面が上昇します．

強い風速によって海面には大きな応力が作用します．この応力が風による吹き寄せを引き起こします．この風速と応力の関係式には，海面抵抗係数とよばれる係数が含まれています．近年では風速値と海面抵抗係数を用いることで，高潮の高度な数値計算ができるようになっています．このような吹き寄せと風速をシンプルな関係で表すと，この海面上昇量は，およそ風速の 2 乗に比例するとされ，次式で表されます．

$$\Delta h = \alpha U^2 \cos\theta\,[\mathrm{cm}] \tag{2.20}$$

ここで，α：場所に依存するパラメータ，U：地上 10 m における風速 [m/s]，θ：高潮偏差を最大にする主風向きと最大風速のなす角です．したがって，風速の大きい熱帯低気圧であるほど，この成分が卓越して水位の高い高潮を発生させることになります．このような風による吹き寄せは，地形によっては非常に高い水位を発生させ，巨大な高潮が成長する要因として考えられています．

例題 2.5 大阪湾上空を通過した台風によって高潮が発生しました．このとき，関西国際空港付近で，高潮の偏差を最大にする方向に風速 40 m/s を観測しました．場所に依存するパラメータが 2.2 である場合に，風による吹き寄せ成分を簡易的に計算しなさい．

解答 式 (2.20) を用いて，次のようになります．

$$\Delta h = \alpha U^2 \cos\theta = 2.2 \times 40^2 \times \cos 0° = 3.52\,\mathrm{m}$$

（4）　風波によるセットアップ

　　最後に，風波による**ウェーブセットアップ**を考慮する必要があります．風波の強度の増加により，運動量が進行方向に輸送され，沿岸域のラディエーション応力が増加することによって，海面の上昇が発生するという現象です．上昇量は数 cm から十数 cm とされ，高潮の構成成分としては比較的小さいと考えられます．なお，風波によるセットアップは不規則波を用いて評価も行うため，越波を引き起こすような個別の波浪による瞬間的な水位上昇とは区別する必要があります（越波▶4 章で詳しく説明します）．

> **例題 2.6**　強い台風による高潮の高さを決める最も大きな要因と，その理由を答えなさい．
> **解答**　強い台風による高潮の高さを最も支配する因子は，風による吹き寄せです．風による吹き寄せは，風速の 2 乗に比例する値となるからです．

2.2.4　気象津波（異常潮位）

　　過去には，高潮を表す用語として**気象津波**（meteo-tsunami）という言葉が使われていたことがありました．近年では，気象津波は，高潮とは区別して用いられていて，九州地方で見られるあびきのような，副振動を含む**異常潮位**のことを指します．このような異常潮位の要因を明確に特定することは難しいのですが，長期的な気圧の変化や移動と，海面上昇とそれによる波の移動が共鳴すること（プラウドマン共鳴）が発生原因の一つとされています[17]．

　　プラウドマン共鳴は，図 2.9 に示すように，気圧の移動速度と長周期波の移動速度がほぼ一致することで発生します．たとえば，水深 50 m の地点では，長周期波の進行速度は約 22.1 m/s です．そのため，低気圧の移動速度が 22 m/s 付近であるとプラウドマン共鳴が発生しやすい状況となり，海面上昇が増幅されます．この増幅率 α は，次式のように表されます．

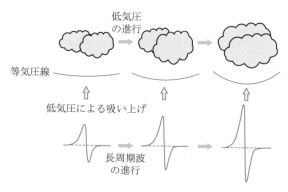

図 2.9　プラウドマン共鳴のイメージ

$$\alpha = \frac{1}{1 - V^2/gh} \tag{2.21}$$

ここで，V：低気圧の移動速度 [m/s]，g：重力加速度 [m/s^2]，h：水深 [m] です．

ここで紹介したプラウドマン共鳴は，気象津波のいくつかある発生要因の一つであるとされています[17]．気象津波に関する研究は，発生する地域の地形的条件や気象場の特性に注目して行われています．

2.2.5 高波とエネルギー平衡方程式

台風のように大規模で高強度な気象攪乱が発生すると，高潮だけではなく高波も同時に発生します．このような高波は，沖合で発生して伝播してきたうねり成分と，沿岸域の風によって発生した風波成分に分けて考えることができます．

高波を再現するためには，その発達過程を捉えることが重要です．1章で解説したように，吹送距離と吹走時間によって，波浪の大きさは上限値に向かって漸近していきます．波浪が発達し波高が高くなるためには，長い吹送距離が必要です．そのため，高波浪の予測を行うためには，数百 km の範囲（メソスケール）での数値計算が必要になります．このような数値計算を行うために，**エネルギー平衡方程式**が用いられます．この方法は，多方向不規則波の浅水変形と屈折を同時に解くことができるため，有用であるとされています[18]．波の回折には理論的に適用できないという弱点があるものの，その修正方程式も提案されており（たとえば間瀬ら[19]），海洋・海岸波浪を再現できる比較的汎用性の高いモデルといえます．

ここで，代表的な沿岸域の波浪モデルである SWAN[20] の例を用いて考えます．エネルギー平衡方程式の基礎方程式は，次のようになります．

$$\frac{\partial N}{\partial t} + \nabla\{(\vec{C_g} + \vec{U})N\} + \frac{\partial C_\sigma N}{\partial \sigma} + \frac{\partial C_\theta N}{\partial \theta} = \frac{S_{\text{tot}}}{\sigma} \tag{2.22}$$

ここで，$\vec{C_g}$：波群の速度ベクトル，$\vec{U}$：流れ場の速度ベクトル，C_σ, C_θ：スペクトル空間 (σ, θ) における波の速度（図 2.10），S_{tot}：浅海域における波浪エネルギー

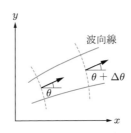

図 2.10 数値計算モデルにおける波高角の変化のイメージ

の増加・減少プロセスによるエネルギーの総和です．また，$N = E(\sigma, \theta)/\sigma$ であり，$\sigma^2 = g|\vec{k}|\tanh|\vec{k}|d$ です．

浅海域における波浪エネルギーの総和は，次式のように示されます．

$$S_{\mathrm{tot}} = S_{\mathrm{input}} + S_{\mathrm{nl3}} + S_{\mathrm{nl4}} + S_{\mathrm{dsp,wc}} + S_{\mathrm{dsp,btm}} + S_{\mathrm{dsp,brk}} \tag{2.23}$$

ここで，S_{input}：風や気圧変化による波浪エネルギーの増加分，$S_{\mathrm{dsp,wc}}$：ホワイトキャッピング（砕けつつある白波）による波浪エネルギーの減衰，$S_{\mathrm{dsp,btm}}$：底面摩擦による波浪の減衰，$S_{\mathrm{dsp,brk}}$：浅水変形による砕波によるエネルギーの減衰，$S_{\mathrm{nl3}}, S_{\mathrm{nl4}}$：波どうしの相互干渉によるエネルギー変化です．

このように，エネルギー平衡方程式は，回折を除いた，1章で説明した沿岸域における波浪変形の物理過程を一括して解くことができます．したがって，メソスケールにおける風波の予測や高波の数値計算を行うことができるモデルになっており，実際に，この方程式を支配方程式とした数値予測モデルを用いて，日本周辺域の波浪予測が行われています．

そのほか，波浪の数値計算モデルには，理論的に回折を解くことができるモデルとして，**緩勾配方程式やブシネスクモデル**なども提案されています．しかし，それらのモデルは港湾などの，より汀線に近い浅い海域の物理現象の数値的再現を得意としているため，高波の沖合から沿岸域までの発達過程を再現するには，エネルギー平衡方程式の数値計算モデルを用いる必要があります．ここで紹介した支配方程式 (2.23) は汎用性が高く，広く沿岸域で用いられています．

2.2.6　高波の物理的特徴

(1)　波浪スペクトル

高波の物理的特徴の一つは，沿岸域の風で発生した風波（かぜなみ）と沖合で発生した波が伝播してきたうねりの混在場であることです．非構造格子 SWAN によって算定された，台風 21 号（2018 年）が日本列島を通過した際の，日本近海の有義波高とその波浪スペクトルの推算結果を図 2.11 に示します．

外洋においては，波浪スペクトルはうねり成分が支配的です．これに対して，伊勢湾内では，周波数が外洋と比較すると大きくなっており，短周期の波が発生しています．これは伊勢湾が閉鎖性海域であり，沖合で発生した波浪の侵入が抑制されるためです．図 (a) において，有義波高が伊勢湾内において高くなっていないことによってもこれは説明できます．このように高波は気象条件だけではなく，地形的な位置条件によっても影響を受け，スペクトルの変化が発生します．

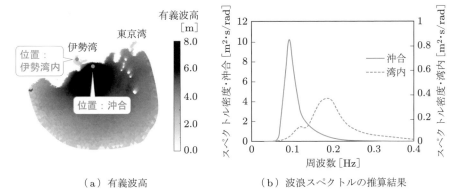

（a）有義波高　　　　　　　（b）波浪スペクトルの推算結果

図 2.11　2018 年台風 21 号による日本近海の有義波高と波浪スペクトル密度の推算結果

（2）　ラディエーション応力と高波による海浜流

　高波浪が発生すると**ラディエーション応力**が大きくなります．物理的には，これまで学習したようにラディエーション応力は波浪の伝播に伴う運動量の輸送に起因する力です．高波が発達すると，このラディエーション応力の値も大きくなるため，海浜流の速さも場所によっては大きくなる可能性があります．したがって，高波が発生している場合に沿岸域に近づくと，大きな波浪による越波で海中に引き込まれる危険性があると同時に，高波によって発生した比較的速い離岸流で沖合に流されてしまう危険性があることがわかります．

例題 2.7　波浪の基礎方程式となるエネルギー平衡方程式を記述しなさい．また，その方程式の特徴について述べなさい．

解答　エネルギー平衡方程式は次式のように表されます．この式は，多方向不規則波の浅水変形と屈折を同時に解けます．しかし，回折現象には適用できないことが理論的に指摘されています．

$$\frac{\partial N}{\partial t} + \nabla \{ (\vec{C_g} + \vec{U}) N \} + \frac{\partial C_\sigma N}{\partial \sigma} + \frac{\partial C_\theta N}{\partial \theta} = \frac{S_{\text{tot}}}{\sigma}$$

2.2.7　超重力波と特殊な波浪（フリークウェーブ）

　超重力波（infragravity wave）は，周期の異なる海洋波が重なることで発生します（図 2.12）．超重力波は，風波と比較すると，30 秒〜5 分程度の比較的長い周期をもつという特徴があり，海岸侵食を引き起こす主要な要因の一つとされています．2013 年の台風ハイヤンにより発生した超重力波は，波による**段波**（wave bore）を引き起こしたとされていて，比較的強度が高く発達しました．

　フリークウェーブ（freak wave）は，海洋において発生する巨大波の一種で，北海に

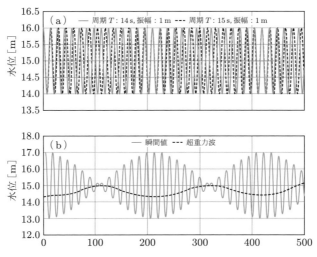

図 2.12　周期の異なる正弦波と，それらの重ね合わせによる超重力波

おける観測報告によってその存在が知られるようになりました．この風変り（freak）とよばれる波は，海洋波浪の中に有義波高の数倍の波高となるような巨大波が，偶発的に 1 ないしは数波程度発生する現象です[21]．

　フリークウェーブの発生は，異なる方向から侵入する不規則波浪の重ね合わせや，うねりと風波の合成が主たる要因とされています．ほかにも，海底地形の変化や海潮流の変化による波の屈折で，波のエネルギーが収束することも指摘されています[21]．

2.2.8　高潮・高波浸水とその被害および対策
(1)　高潮・高波による浸水

　高潮浸水の形態としては，防潮堤などの海岸構造物を乗り越えて浸水する場合と，海岸域において内水氾濫する場合の 2 通りがあります．甚大な災害を引き起こすのは前者ですが，おもに経済的な被害の観点から後者の浸水形態も対策する必要があります．

　海岸構造物を乗り越えて浸水する事象には，高潮の高さが，地盤高度や海岸構造物の高さを超えている場合に発生します．このような高潮の浸水形態は，巨大な高潮に伴うことも多く，大きな被害を引き起こします．高潮が海岸構造物を乗り越える場合には，波浪も海域から侵入しますので，波浪に伴う人的・物的な被害も考慮する必要があります．

　内水氾濫による高潮浸水は，高潮の高さが海岸構造物の設計高さを超えないものの，雨水が滞留したり，海水が下水管などを逆流して標高の低い領域に浸水するものです．このように，内水氾濫型の高潮被害は海岸付近に居住域が存在しており，下水管など

で海水と生活排水が接続している場合に見られます. 地形が急峻な日本では少ないですが, 2015 年の温帯低気圧による根室における高潮で報告がされています. また, 海外では, 海岸部に平坦な地形が多い地域には, 標準的に対策が施されています.

(2)　高潮浸水による被害

高潮浸水が発生すると, 様々な人的・物的な被害が発生します. この被害は高潮の強度と被害地域によって異なります.

人的な被害としては, 高潮浸水によって引き起こされる高流速場と, 高波によって海水に流される場合があります. 高潮によって発生した浸水域での速い流速によって人が転倒し, 海中に引きずり込まれることでも人的な被害は発生します.

そのため, 人間の安定性についての研究が数多く行われています (たとえばミラネシ (Milanesi) ら[22]). これまでにも, 人間が流されないための安定性に関する方程式は, カルボネン (Karvonen) ら[23] やジョンクマン (Jonkman) ら[24] によって提案されています. このような人間の安定性に関する解析モデルを使うことで, 高潮に伴う高い流流速場でのリスクを算定できます.

物的被害としては, 高潮と高波浪によって, 家屋の浸水や破壊が発生する場合があります. また, 高潮浸水被害が港湾内において発生すると, 2009 年の三河湾や 2018 年の大阪湾の高潮災害の事例で確認されているように, コンテナが港湾より流出する場合や, 漂流を始めた船舶が社会基盤施設に衝突する場合もあります.

(3)　高潮・高波に対する対策

高潮・高波の浸水に対する対策は, 防潮堤建設などのハード対策と, 住民の避難などのソフト対策に分類できます. 対策を決定する際には, どれくらいの期間に, どの程度の高さの高潮・高波が発生するかを予測しておくことが重要です.

ハード対策は, 人口構造物を用いた方法と植生などの自然を用いた工法に分けることができます. 人工的な構造物を選択した場合には, 防潮堤を建設します (防潮堤 ▶ 4 章で詳しく説明します). 他方で, 近年注目されている自然を用いた工法には, 海底に盛り土を行い, 浅海域を作る方法と, 汀線付近の植生によって波浪の減衰を狙ったものがあります.

さらに, 対策手法を考える際には, **費用便益分析**が用いられます. 高潮・高波対策には, 費用に見合った便益が得られる必要があるという考え方に基づいたもので, この分析を行う際には, 台風と高潮の強度の再現確率を求める必要があります. ヨーロッパにおける高潮は予測が容易な温帯低気圧によって発生するものが多く, その地域の高潮・高波には再現確率という考え方を適用しやすいと考えられます. 一方で, 熱帯

低気圧による高潮・高波に対しては予測が難しく，地球温暖化後を含めた再現確率を求める研究がこれまでに行われています[25]．

2.2.9　高潮・高波災害の過去の事例

　高潮・高波による沿岸被害は，世界各地で発生しています．たとえば，2017年には，ハリケーン・マリアがカリブ海に位置するプエルトリコに高潮浸水被害を引き起こしています．ここでは，2000年以降の高潮災害事例を中心として，その被害の調査結果を紹介します．さらに，同様の地域において高潮災害が発生した複数の事例を紹介して，比較・検証することで，高潮に対する地域の脆弱性やその被害の種類についても解説します．

（1）　サイクロン・シドル（2007）とナルギス（2008）の事例

　ベンガル湾において2007年に発生した**サイクロン・シドル**は，最低中心気圧944 hPaまで発達しました．この低気圧は，バングラディシュの南部沿岸域に進行し，同地点において約4〜5 mの高潮を引き起こしました．これによって，バングラディシュのデルタ地帯に被害をもたらし，4,000人以上の人命が失われたとされています．

　これまでにも，バングラディシュにおいては多くの高潮被害が発生してきました．1970年のサイクロン・ボーラや，1991年のバングラディシュ・サイクロンでは，約50〜100万人程度の人命が失われています．そのため，日本の政府開発援助（ODA）によってサイクロンシェルター（図2.13）も建設されています．このように，高潮被害の減災が国際的な援助の下，バングラディシュ政府によって行われています．サイクロンシェルターは人的な被害を効果的に減少させており，ODAが行った防災対策としては最も成功したものの一つとされています．

　他方で，ベンガル湾において2008年に発生した，最低中心気圧が960 hPaの**サイクロン・ナルギス**は，ミャンマーの沿岸域に深刻な高潮被害を引き起こし，13万人以

図2.13　サイクロンシェルターの例[26]

上の人命が約4mの高潮の浸水によって失われました．同地域では，サイクロンの被災経験がほとんどなく，高潮防災対策が行われていなかったために，被害が甚大化してしまう結果となりました．隣接する地域，類似するサイクロンや高潮の強度であっても，防災対策の方法や住民の意識によって，人的被害の程度が大きく異なることが二つの事例からわかります．さらに，バングラデシュに見られるように，過去の教訓を生かすことの重要性もこれらの事例から学ぶことができます．

(2) ハリケーン・サンディ（2012）の事例

2012年9月に発生した**ハリケーン・サンディ**は，アメリカ合衆国ニューヨークに高潮被害をもたらしました．この高潮被害は予報として発表されたのち，ニューヨーク市長より浸水の危険性のある地域には強制避難の措置や地下鉄の計画的運休措置が行われたため，人的な被害の程度は高潮の強度（3～4mの高潮高）を考慮すると少ないものでした．一方で，マンハッタン島では大規模な停電が発生するなど，米国経済の中心地域をハリケーンが来襲したため，巨額な経済損失（およそ500億ドル）をもたらしました．ニューヨークの中心市街地では，景観や親水性を考慮した都市計画がなされており，高い防潮堤の建設が行われていなかったため，臨海地域において浸水が発生しました．これらの説明は，三上ら[27]により詳しく紹介されています．

(3) 台風ハイヤン（2014）の事例

2013年11月にフィリピンのレイテ湾に接近した**台風ハイヤン**は，同沿岸域において6mの高潮による甚大な被害を引き起こしました（図2.14）．浸水範囲はレイテ島，サマール島の広範囲に及んでいたため，この高潮災害によって7,000人を超える人命が失われ，レイテ湾の湾奥に位置するタクロバンでは，多くの構造物が全壊しました[28]．また，レイテ湾に面している沿岸域では，広域にわたって浸水している様子が観察されました．ここで，気象モデルと海洋流動モデルを用いた数値計算結果によっても，レイテ湾の湾奥の多くの沿岸域において5～6mを超える高潮が算定されました（図

図2.14 台風ハイヤンが引き起こした高潮によって被災したオイルタンク[29]

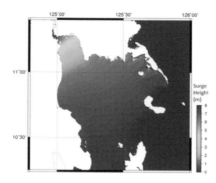

図 2.15　2014 年ハイヤンによる高潮の数値計算結果[31]

2.15)[29–31].

　この高潮被害においては，海岸におけるいくつかの水理現象が確認されています．たとえば，レイテ湾における共振現象が確認されています[32]．ほかにも，サマール島の外洋に面した地域では，高波浪の侵入に伴って超重力波が発生したとされています．この超重力波は，沿岸域において段波を引き起こしました[33]．この段波は内湾でも発生しました．

（4）　寒冷低気圧による根室における高潮（2014）の事例

　日本においては，台風による高潮浸水事例が多く，温帯低気圧による高潮浸水の報告はわずかです．しかし，2014 年 12 月に急速発達して北海道に停滞した温帯低気圧は，中心気圧が 948 hPa まで低下して，根室市北部の一部の居住域に約 1.5 m の高潮浸水を引き起こしました（図 2.16）．この高潮の発生機構では，根室湾において最初

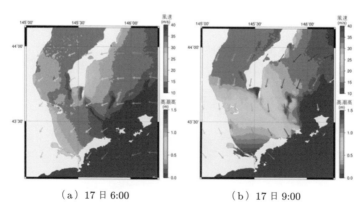

（a）17 日 6:00　　　　　　　　　（b）17 日 9:00

図 2.16　2014 年の根室における高潮のメソスケール数値計算結果（矢印は風向と風速を示す）[15]

に東からの風が吹いて，海面が上昇した後，低気圧の進行に伴って北からの風に変化して，高潮が根室半島上部に位置する根室市弥生町や根室港に押し寄せたと考えられます．中心気圧が948 hPaですので，風による吹き寄せのほかに，約60 cmの海面上昇が気圧の変化によって引き起こされました．浸水被害が発生していた時間は満潮に近い時間でした．

　現地調査の結果から，図2.17(a)に示すように，浸水した根室市弥生町付近では，海岸線付近から根室市市街地の弥生町にかけて地盤が低くなっており，高潮の高さが海岸線の標高を超えてしまうと，浸水しやすい地形になっていたことがわかりました．このように悪条件が重なることで，根室では高潮の浸水被害が発生しました．さらに，地盤高さが減少している場所においては，図(b)のように，数値計算の結果，高潮による氾濫水の流速が増加する傾向が見られました．また，これは根室市における高潮の事例に限ったことではないのですが，海岸付近に位置する住居や海岸構造物が高潮の流速や浸水深に影響を与えていることがわかりました．

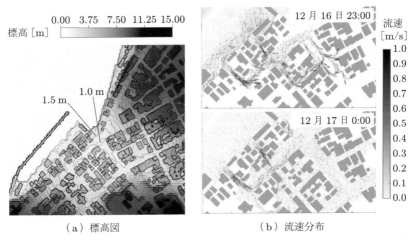

（a）標高図　　　　　　　（b）流速分布

図2.17　根室市市街地の標高図と，中心部における高潮浸水による流速分布[34]

Column　海岸工学と防災

　海岸工学とは，その名前が示すように海岸部・沿岸部における波や砂などの挙動を工学的に扱うものです．とくに，海岸での防災を考えたときには，海岸に到達する波の高さやエネルギー・運動量を定量的に理解することが，防波堤や消波ブロックなどの海岸防護施設の設計にはとても重要になります．

　しかし，防災を考える場合，海岸の波だけを考えるだけでは不十分です．たとえば，津波や高潮の解析をする場合には，波が発生する機構，つまり，地震でどのように海底が

変位しそれが海面をどう変化させるのかや，台風による気圧の変動や風がどのような波を発生させるのかといったことが重要になり，発生する波の初期条件を決めるには，地震学や気象学などの知識もある程度必要になります．また，海水が陸域に侵入した場合にはどういう挙動をするのかといった解析も大切で，それには波の知識だけではなく陸域での流れの知識も必要です．一方で，海岸防護施設の整備レベルを決めていくには社会的な合意プロセスに関する知識も必要になる場合もあります．

　これは，海岸工学に限らず土木工学の各専門領域を学ぶときにつねに必要な態度なのですが，自分が学んでいる専門領域だけでなく，それに関連する分野を工学だけでなく社会科学も含めて広く学ぶことを心掛けてください．

演習問題

2.1 水深 3000 m 地点で観測された 1 m の津波が，湾の中に入ってきたときの湾奥地点での津波の高さを求めなさい．ただし，湾口の幅 1 km，求める地点での湾奥の幅 200 m，水深 10 m とします．

2.2 最低海面更正気圧 910 hPa の台風が東京湾を横断し，東京潮位観測所（東京都中央区晴海）において，気圧 920 hPa で，3.5 m の水位上昇を計測しました．2019 年 8 月 26 日 15 時における，以下の値を求めなさい．

(1) 天文潮位（気象庁 Web サイトで調べなさい）

(2) 気圧低下による吸い上げ

(3) 風波によるセットアップ

(4) 風による吹き寄せ

2.3 これまで高潮被害がほとんど発生していなかったイランのペルシャ湾でも，熱帯低気圧による高潮・高波の被害が発生するようになりました．同地域の特性を考慮して，高潮・高波の対策方法，およびその計画を考えなさい．

3 海浜変形と底質移動

　沿岸域での底質移動は波と流れに支配され，この移動に伴い地形が変化していきます．本章ではまず，海浜過程の全体像について示した後，底質の移動動態について解説します．次に，波と流れによる底質移動，海浜変形の関係について解説を行い，最後に，現在実施されているおもな海岸保全対策について説明するとともに，海岸保全施設としての砂浜の役割についても解説します．

3.1 沿岸域の底質移動と海浜形状

　波や流れの影響を受けて底質が移動することを，漂砂とよびます．本節では，沿岸域における漂砂に伴う海浜形状の変化について解説を行います．また，人工海浜を含む海浜の代表的な沿岸（平面）形状を示します．さらに，岸沖（縦断）形状についても名称も含めて解説します．

3.1.1 海浜変形過程

　海岸地形には，海岸が削れていく**侵食性地形**と，海浜に土砂が溜まっていく**堆積性地形**があり，地形形状はその場所の地理的特性，地質的特性，波浪特性により異なります．これら地形は，波や流れ等の影響を受け，長い時間をかけて形成されたものです．砂礫や泥の海岸では，陸からの土砂供給や沿岸域での波・流れによる底質移動により，土砂が浜に堆積することによって形成されます．形成された海浜地形は，その時々の波と流れの影響を受けて，侵食と堆積を繰り返しています．

　砂浜海浜（sandy beach）での底質移動現象を，**漂砂**（littoral drift）とよびます．海浜地形の変動は，この漂砂の移動量と方向が場所的に異なること，つまりある検討対象領域における底質の出入りのバランスの差異によって生じます．漂砂を発生させるおもな要因は波と流れ（海浜流）です．漂砂により地形変化が生じると，その影響により波と流れも変化します．このような海浜地形変化にかかわる種々の過程を総合して，**海浜過程**（coastal processes）とよびます．各要素間の関連性を模式化したものを図 3.1 に示します．それぞれの要素はお互いに関係し合ってバランスをとっていることがわかります．したがって，どこかの 1 要素に変化が生じると，ほかの要素が

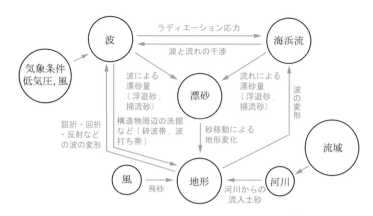

図 3.1　漂砂を中心とした波・流れ・地形のつながり（堀川[1]を基に作成）

その変化に伴って変化し，最終的には最初に変化した要素そのものも変化することになります．このようにすべての要素が関係し合い，海浜は平衡状態へと近づくことになります．

3.1.2　海浜形状

　代表的な**自然海浜**，および**人工海浜**の平面図を図 3.2，3.3 に示します．自然海浜は波・流れに伴う漂砂，また，それによる地形形状の各種要素のバランスにより形成されます．海岸侵食が進んでしまった地域においては，海岸構造物が設置され人工的な海浜となります．

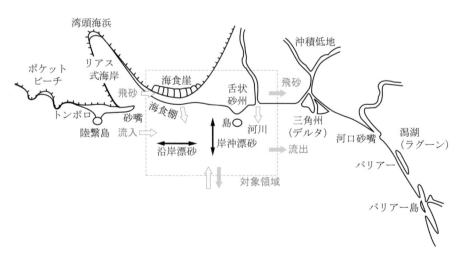

図 3.2　代表的な自然海浜の平面形状

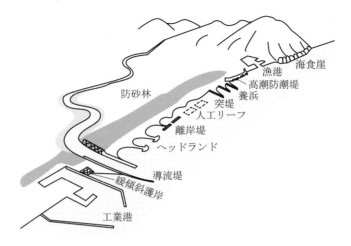

図 3.3 代表的な人工海浜の平面形状（柴山・茅根[2]）を基に作成）

　海浜の形は，海水中での**岸沖漂砂**と**沿岸漂砂**，また陸上部における風による漂砂（**飛砂**）により決まります．沿岸域に検討対象領域を図 3.2 中の四角のように設けると，この領域内の海域に流入する土砂（薄い青矢印）は，沿岸漂砂や飛砂によって近隣境界からもたらされるもの，河川や岩石海岸からの直接供給，沖境界からの岸向き漂砂となります．一方，境界から流出する土砂（濃い青矢印）については，沿岸漂砂，飛砂，沖境界における沖向き漂砂があります．海浜変形は，これら流入土砂量と流出土砂量の収支から把握することができます．

(1) 海浜の岸沖（縦断）形状

　海浜の岸沖断面形状は，波や流れの外力，底質の粒径など沿岸域の諸条件によって変化します．ここで，代表的な岸沖方向の断面形状を図 3.4 に示します．陸地と海の

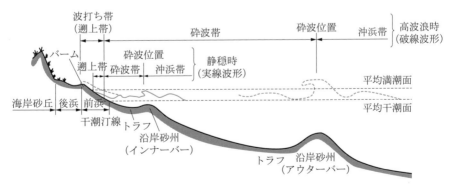

図 3.4 代表的な海浜の岸沖断面形状（栗山[3]）を基に作成）

境界を**汀線**（shoreline）とよび，この汀線位置は地形形状，波浪条件，潮位により時々刻々変化します．岸に平行な海中の浅瀬を**沿岸砂州**（bar）とよび，汀線寄りの最終砕波位置に存在するものを**インナーバー**（inner bar），沖側に存在している沿岸砂州を**アウターバー**（outer bar）とよびます．**前浜**（foreshore）には**バーム**（berm）という堆積性地形が形成され，その形状は海側に急勾配な斜面と陸側に緩勾配（時には逆勾配）の斜面をもちます．高波浪時には，バームよりも陸側まで遡上した波によりバームは侵食され，斜面勾配は一様となります．侵食されたバームは，波浪条件にもよりますが2週間程度で再形成されます．この前浜よりも陸側を**後浜**（backshore）とよび，海浜植生が繁茂し始めるところになります．さらに陸側には，風によって運ばれた砂が堆積して形成された**海岸砂丘**（dune）が存在する地域もあります．

　沿岸域は沖側から，沖浜帯，砕波帯，波打ち帯の三つの領域に分類することができます．沖合から岸に向かって伝播してきた波は，浅水変形の影響を受けて波高が増大し，ある地点において砕波します．この地点を**砕波点**（wave breaking point）とよび，この地点よりも沖側の領域を**沖浜帯**（shoaling zone）とよびます．この砕波点から干潮時の波の遡上開始地点までの領域を**砕波帯**（surf zone），干潮時の波の遡上開始地点から満潮時の波の遡上限界までの領域を**波打ち帯**，または**遡上帯**（swash zone）とよびます．砕波点は波の状況によって変化することから，砕波帯幅もその時々により変化します．高波浪時においては，アウターバー周辺，またはそれよりも沖側で砕波が生じます．

(2)　海浜の沿岸（平面）形状

　波は沖合から陸に向かって伝播する間に，海底形状等の影響により浅水変形，屈折，砕波などが生じます．また，島や構造物などの背後では波の回折が生じます．加えて，陸地に関しては，その地域の地盤，地質環境により底質環境が異なり，また，その地域における波浪条件も異なることから，陸地そのものに加わる外力，そしてその応答が異なることになります．このようなことから，沿岸域では図3.2に示したような様々な地形が形成されます．

　沿岸方向の両側が岬や岩礁，もしくは海岸構造物で囲まれた箇所に存在する砂浜を**ポケットビーチ**（pocket beach）とよびます．砂の移動はその領域内に限られており，動的に（砂が運動しながら）安定することになります．前浜においては沿岸方向に波状の地形をなすことがあり，これを**カスプ**（cusp）といいます．カスプの波長はその場所の底質，波浪状況によって異なり，1m内外から数十mのものがあり，さらに，この波長が数百mのものを**大規模カスプ**（large cusp）とよんでいます．**砂嘴**（sandspit）は，沿岸漂砂の影響により陸地から一方向に伸びた地形です．陸地に近い島の

背後では回折波の影響により砂が堆積し，陸地から**舌状砂州**（cuspate spit）が形成されます．これがさらに発達すると，島とつながって**トンボロ**（tombolo）となります．

3.2 海浜の底質

底質の性質や移動動態は，粒径や砂粒子にはたらく力によって異なります．本節ではまず，底質粒径の岸沖分布を説明します．次に，水中での底質移動の動態について，砂の初期移動から浮遊，沈降までの過程を解説を行います．また，陸上での漂砂（飛砂）についても解説します．

3.2.1 底質の性質

海浜に存在している底質特性は周囲の地質環境によってのみ影響されるのではなく，底質移動を考えると，その海浜一帯に襲来する波浪特性によっても異なります．また，同一の波・流れの外力場であったとしても，底質特性の違いにより異なる海浜変形が生じることになります．たとえば，高波浪が頻繁に襲来する海浜では，細かな粒径の砂は波や流れによって移動してしまい，その結果，比較的粒径の大きな底質の海浜となります．

(1) 粒 径

底質は，図 3.5 のように粒径の大きさにより**シルト**，**砂**，**礫**に区分されます．現地の底質の物理特性を示す指標としては，粒度組成，比重，空隙率，鉱物組成，形状などがあります．よって，たとえば粒度組成や鉱物組成の割合を検討することにより，底

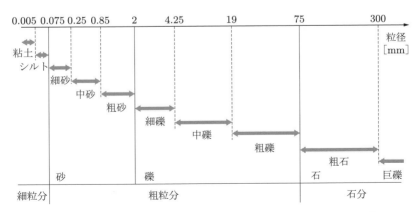

図 3.5 地盤材料の粒径区分とその呼び名（地盤工学会基準 JGS 0051[4])）

質の沿岸漂砂方向を判断することも試みられています．底質の比重は鉱物組成によっ
て異なりますが，砂の場合は 2.65 が多く用いられます．

　粒度組成は通常，ふるい分け試験によって調べられ，その結果は粒径加積曲線で表
示されます．この際，**中央粒径**（median sediment diameter）d_{50} と**平均粒径**（mean
sediment diameter，加重平均の粒径）d_m は次のように定義されます．

　　　中央粒径 d_{50} = 通過質量百分率が 50% の粒径

$$平均粒径\ d_m = \frac{\displaystyle\sum_{i=1}^{N} f_i d_i}{\displaystyle\sum_{i=1}^{N} f_i} \tag{3.1}$$

ここで，f_i：粒径 d_i の粒子の出現率，N：粒子区分です．

　また，粒度分布を示すパラメータとして，**ふるい分け係数**（sorting coefficient）S_o
と**偏わい度**（skewness）S_k があります．

$$ふるい分け係数\ S_o = \sqrt{\frac{d_{75}}{d_{25}}} \tag{3.2}$$

$$偏わい度\ S_k = \frac{d_{25} d_{75}}{d_{50}^2} \tag{3.3}$$

ここで，d_{25}，d_{75} は，それぞれ通過質量百分率が 25%，75% の粒径です．

　ふるい分け係数は底質粒径組成の均一度の指標であり，S_o が 1 に近づくほど粒度
が均一であることになります．偏わい度は粒径加積曲線の形状に関する指標であり，
$S_k > 1$ では d_{50} よりも粒径の大きいほうに，$S_k < 1$ では逆に d_{50} よりも粒径の小さ
いほうに偏って分布していることを意味します．したがって，同じ中央粒径であって
も，これらの係数が異なると底質環境は大きく異なります．

　粒径の単位は mm や μm 単位だけでなく，ϕ 値で表されることもあります（表 3.1）．
粒径 d [mm] に対する ϕ 値は，次式で表されます．

$$\phi = -\log_2 d = -3.32 \log_{10} d \tag{3.4}$$

　近年，多くの地形変化数値モデルが利用されており，また，2 粒径を用いることがで
きる数値モデルも見られます．しかし，多くの数値モデルでは単一粒径とし，形状，鉱
物組成については考慮していません．一般的に，海岸の底質はその海岸に打ち寄せる

表 3.1　粒径 d と ϕ 値の関係

d [mm]	8.0	4.0	2.0	1.0	0.5	0.25	0.125
ϕ	−3.0	−2.0	−1.0	0	1.0	2.0	3.0

波浪場により，その場に残留する砂の粒径が決まることから，結果的に中央粒径付近に集まった粒度組成（ふるい分け係数が1に近い）である場合がほとんどです．よって，多くの数値計算では中央粒径の均一砂であると仮定し，計算を行っています．

（2）　底質粒径の岸沖分布

　底質粒径は岸沖分布をもち，一般的に，砕波点や汀線近傍の波打ち帯など，乱れが大きく，浮遊砂が発生するところでは底質の粒径が大きくなります．茨城県波崎海岸にて観測された海底面表層砂の岸沖粒径分布を，図 3.6 に示します．最終砕波点となる汀線よりもやや沖側において粒径が大きくなっています．これは，砕波により細粒分が浮遊し波や流れによって移流することから，相対的に粒径のやや大きな底質がこの場に留まるためです．一方，砕波点から沖側については，徐々にその粒径は小さくなります．岸沖方向位置 $x = 120\,\mathrm{m}$ において粒径がやや大きくなっていますが，これは高波浪時においてこの付近で砕波が生じていたためであり，時間とともに徐々に細かな砂に覆われ，周囲と同じような粒径となります．

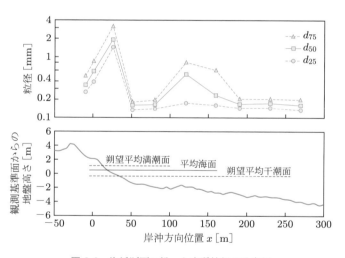

図 3.6　海浜断面に沿った底質粒径の分布例

例題 3.1　図 3.6 に示した底質粒径分布のうち，岸沖方向位置 $x = 50\,\mathrm{m}$ と $120\,\mathrm{m}$ でのふるい分け係数と偏わい度を計算しなさい．

解答　岸沖方向位置 $x = 50\,\mathrm{m}$ での通過質量百分率が 25％，50％，75％の粒径は，図よりそれぞれ $d_{25} = 0.14\,\mathrm{mm}$，$d_{50} = 0.16\,\mathrm{mm}$，$d_{75} = 0.18\,\mathrm{mm}$ と読み取ることで，ふるい分け係数は $S_o = 1.13$，偏わい度は $S_k = 0.98$ となります．一方，岸沖方向位置 $x = 120\,\mathrm{m}$ では $d_{25} = 0.18\,\mathrm{mm}$，$d_{50} = 0.54\,\mathrm{mm}$，$d_{75} = 0.81\,\mathrm{mm}$ と読み取り，ふるい分け係数は

■ $S_o = 2.12$, 偏わい度は $S_k = 0.50$ となります.

3.2.2 底質の移動動態

　海底面上の底質移動は, 波による水面の変動に伴う水粒子運動が海底面に達すること, または底面上の流れによって生じます. 波が深海波に分類される領域では, 波による水粒子運動は底面にまで達しないことから, これによる底質移動は生じません. ただし, 流れが存在している場合には, これによる底質移動が生じます. 水深が浅くなってくると, 波による水粒子運動が底面にまで達し, 底質移動が生じることになります. この時の水深を**移動限界水深**（critical water depth for the inception of sediment movement）とよびます.

(1) 砂粒子にはたらく力

　底質が動き始める初期移動限界については, 力学的に取り扱うことができます. ここで, 図 3.7 のように一つの砂粒子が動き出す瞬間の力のつり合いを考えます. 海底面の砂粒子の抵抗力 F_R は砂の水中での粒子間の静止摩擦角 φ を用い, 砂粒子の水中重量 W, 波による揚力 F_L から次式で表すことができます. ここでは, 揚力が粒子の水中重量に対して無視できると考えます.

$$F_R = (W - F_L)\tan\varphi \approx W\tan\varphi \tag{3.5}$$

$$W = (\rho_s - \rho)g\frac{4}{3}\pi\left(\frac{d}{2}\right)^3 \tag{3.6}$$

ここで, ρ_s：砂粒子密度, ρ：海水密度, g：重力加速度, d：粒径です.

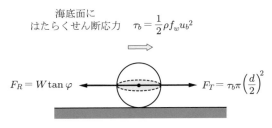

図 3.7　砂粒子の力のつり合い

　次に, 砂粒子に作用する水平方向の流体力を考えます. 粒子が動き出す瞬間での海底面にはたらくせん断応力 τ_b は, 海底の境界層外縁での水粒子速度の振幅 u_b, 底面摩擦係数 f_w を用いて次式で表されます.

$$\tau_b = \frac{1}{2}\rho f_w u_b^2 \tag{3.7}$$

ここで, 底面摩擦係数 f_w はレイノルズ数と相対粗度で決定される係数であり, 複数の算定式が提案[5, 6]などされていますが, 一般に 0.01〜0.03 の値が用いられています. よって, 粒子にはたらく水平方向の流体力 F_T は次式で求めることができます.

$$F_T = \tau_b \pi \left(\frac{d}{2}\right)^2 = \frac{1}{2}\rho f_w u_b^2 \pi \left(\frac{d}{2}\right)^2 \tag{3.8}$$

以上より, 砂粒子の重量による抵抗力 F_R と, 波による砂粒子にはたらく流体力 F_T の比をとると, 次式が導かれます.

$$\frac{F_T}{F_R} \propto \frac{1/2 f_w u_b^2}{sgd \tan\varphi} = \frac{(u_b^*)^2}{sgd} \frac{1}{\tan\varphi} = \psi \frac{1}{\tan\varphi} \tag{3.9}$$

ここで, $u_b^* (= \sqrt{\tau_b/\rho} = \sqrt{1/2 f_w} u_b)$:底面摩擦速度, s:砂の水中比重 $(= \rho_s/\rho - 1)$ です. また, ψ は粒子の運動を引き起こす底面せん断力と粒子の水中重量で代表した粒子を止めようとする力の比を示した無次元数であり, これを**シールズ数**(Shields parameter)とよびます.

$$\psi = \frac{(u_b^*)^2}{sgd} \tag{3.10}$$

底質の初期移動の条件に対して, 滑面での移動限界シールズ数(critical Shields parameter)ψ_c は 0.07, また, 粗面では 0.05 程度となります. シールズ数が 0.1 を超えると, 砂粒子は有意に動きます.

例題 3.2 海底面近傍(粗面)において, 移動限界シールズ数となった際の海底の境界層外縁での水粒子速度の振幅を求めなさい. ただし, 底質粒径は $d = 0.2\,\mathrm{mm}$, 底面摩擦係は $f_w = 0.01$, 砂の水中比重は $s = 1.65$ とします.

解答 粗面での移動限界シールズ数は 0.05 となります. 式 (3.10) より, 底面摩擦速度 u_b^* を計算すると, $u_b^* = \sqrt{\psi sgd} = 0.0127$ となります. よって, 海底の境界層外縁での水粒子速度の振幅は, $u_b = u_b^*/\sqrt{1/2 f_w} = 0.18\,\mathrm{m/s}$ となります.

---

(2) 底質の移動形式

底質の移動形式は, 最初にいくつかの砂粒子が動き出す**初期移動**, 次にほとんどの粒子が動き出す**全面移動**となります. その後, 表層が同時に集団として動き始め, 掃流状態となった状態を表層移動とよび, これがさらに顕著になり水深が明確に変化する状態を完全移動とよびます.

実用的な見地からは, 現地の底質粒径とその海岸に入射する波浪特性から, **移動限界水深**を推定する必要があります. 佐藤[7]は現地データを用いて, 以下の粒径 d の底質に対する移動限界水深の推定式を提案しています.

表層移動： $\dfrac{H_0}{L_0} = 1.35 \left(\dfrac{d}{L_0}\right)^{1/3} \left(\sinh \dfrac{2\pi h_s}{L_s}\right) \dfrac{H_0}{H_s}$ (3.11)

完全移動： $\dfrac{H_0}{L_0} = 2.4 \left(\dfrac{d}{L_0}\right)^{1/3} \left(\sinh \dfrac{2\pi h_c}{L_c}\right) \dfrac{H_0}{H_c}$ (3.12)

ここで，H_0，L_0：沖波の波高と波長であり，H_s，L_s：表層移動限界水深 h_s での波高と波長，H_c，L_c：完全移動限界水深 h_c での波高と波長です．実務においては，移動限界水深として一般的に完全移動限界を用います．

(3) 漂砂の形態

底質の移動形態は，図 3.8 のように水深とともに変化します．底質移動は，海底面を這うように（転がるように）移動する**掃流漂砂**（bed load transport）と，水中を浮遊して移動する**浮遊漂砂**（suspended load transport）の二つに大きく分けられます．

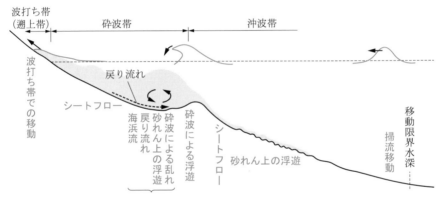

図 3.8　底質移動動態の概略（柴山[8]を基に作成）

移動限界水深付近では，底質は掃流状態で移動します．水深が浅くなると，**砂れん**（sand ripple）とよばれる凹凸が形成されます．砂れん周辺での底質の浮遊は，砂れん頂部の岸側沖側において，波の往復運動によって形成される渦との相関が強くなります．水深がさらに浅くなると，底面に作用する波によるせん断力が強くなって砂れんが消失し，底質は底面近傍をより高濃度で移動するようになります．これを**シートフロー**（sheet flow）とよびます．やがて砕波が生じる領域となると，砕波によって生じた乱れや水塊が海底面へ到達することによって大量の底質が浮遊し，これらが**浮遊砂**（suspended sediment）として波や流れによって運ばれます．砕波帯では，砕波による底質浮遊が活発に生じるため浮遊漂砂が支配的になります．

浅海域に伝播してきた波は，浅水変形によりその波形は尖鋭度が増し，前後非対称と

なります. そのため, 海底面を移動する掃流漂砂は岸向きに輸送されやすくなり, 一方で砂れん近傍に発生する浮遊砂は沖向きに移動しやすくなります. 浮遊漂砂は, 波谷より下方となる中層において生じる沖向きの流れ (**戻り流れ**, undertow) に乗って沖向きに運ばれやすくなります.

波打ち帯 (遡上帯) においては, 波の遡上と流下によって底質は移動します. 遡上時には, 波の先端部の乱れによって底質が巻き上がり陸側に輸送されます. 波が流下するときには, 底質は底面近傍に沿って海側に輸送されます.

(4) 底質の巻き上げ

砕波などの影響により底質は海中に巻き上がり, この浮遊した底質が波や流れによって移動します. とくに砕波帯では浮遊砂量が非常に多くなることから, **底質巻き上げ量** (sediment pickup volume) の把握は重要になります. 非定常流における底質の巻き上げ量 $p(t)$ は, ニールセン (Nielsen)[9] により次式が提案されています.

$$p(t) = 0.00033 \left(\frac{\psi(t) - \psi_c}{\psi_c} \right)^{1.5} \frac{s^{0.6} g^{0.6} d^{0.8}}{\nu^{0.2}}, \quad \psi(t) > \psi_c \tag{3.13}$$

$$p(t) = 0, \quad \psi(t) < \psi_c \tag{3.14}$$

ここで, d : 砂の粒径, ν : 海水の動粘性係数 ($\approx 1.0 \times 10^{-6}\,\mathrm{m^2/s}$), s : 底質の水中比重, $\psi(t)$: 瞬間シールズ数です. 移動限界シールズ数 ψ_c は, 0.05 が提案されています.

(5) 底質の沈降

底質は海水よりも密度が大きいことから, 浮遊した底質は時間とともに海底面に沈降します. 底質浮遊特性に影響を与える底質の**沈降速度** (settling velocity, fall velocity) に関しては, これまでにいくつかの式が提案されています. ここでは, ルビー (Rubey)[10] とジュリアン (Julien)[11] によって提案された式をそれぞれ示します.

$$\text{ルビーの式:} \quad w_s = \sqrt{sgd} \left(\sqrt{\frac{2}{3} + \frac{36\nu^2}{sgd^3}} - \sqrt{\frac{36\nu^2}{sgd^3}} \right) \tag{3.15}$$

$$\text{ジュリアンの式:} \quad w_s = \frac{8\nu}{d} \left(\sqrt{1 + \frac{sgd^3}{72\nu^2}} - 1 \right) \tag{3.16}$$

いずれの式も流体中の底質粒子に作用する力のつり合いの式を基本としており, 抵抗係数やレイノルズ数を表現する式の近似の違いにより, 異なる式となっています.

例題 3.3　底質粒径が 0.2 mm，水中比重 1.65 の砂の沈降速度を算出しなさい.

解答　ここではルビーによって提案された式を用いて算出します. 式 (3.15) より, $w_s = 0.025\,\text{m/s}$ となります.

(6)　飛　砂

　汀線よりも陸側の地形変化は，主として風による漂砂（**飛砂**, wind-blown sand）によって生じます. 飛砂は掃流移動，跳躍移動，浮遊移動の三つの形態に分けられますが，砂粒子の密度は空気よりも非常に大きいことから，長い時間にわたって浮遊することはできません. 強風時などは飛砂により風下に溜まったり，場合によっては道路や民家にまで侵入したりします. 海浜によっては，飛砂対策として防止柵を設置しているところもあります.

　体積で表示した全飛砂量 Q_w を推定する式として用いられることの多い河村公式を以下に示します[12].

$$Q_w = K\left(\frac{\rho_a}{\rho_s g}\right)(u_{a*} + u_{a*c})^2(u_{a*} - u_{a*c}) \tag{3.17}$$

ここで, K は無次元係数であり，河村は 2.78 を提案していますが，実際は対象海岸での現地観測により値を決定することが必要です. また, ρ_a：空気密度（$1.226\,\text{kg/m}^3$），u_{a*}：風による摩擦速度, u_{a*c}：流動開始摩擦速度であり，それぞれ次式が提案されています.

$$u_{a*} = 0.053u_{100} \tag{3.18}$$

$$u_{a*c} = A\sqrt{gd\frac{\rho_s - \rho_a}{\rho_a}} \tag{3.19}$$

ここで, u_{100} は地表上 100 cm での風速, A は無次元係数で実験的に 0.1 が得られています.

3.3 ┃ 波と流れによる底質の移動

　底質移動は，とくに砕波帯や遡上帯において活発に生じており，それに伴い地形がつねに変化しています. 本節では，岸沖漂砂と沿岸漂砂に伴う地形変化について解説するとともに，地形変化の時間スケールについても取り上げます. また，これまでに提案されてきた岸沖漂砂量，沿岸漂砂量の算定式についても解説します.

3.3.1 漂砂と海浜の安定性

　沿岸部では波・流れによって砂の移動（漂砂）が生じています。図 3.9 に，沿岸部における軸方向と各諸量の定義を示します。底質移動は岸沖方向（x）と沿岸方向（y）の両方に存在し，おもに波の作用により生じる岸沖方向の底質移動を**岸沖漂砂**（cross-shore sediment transport），おもに流れによって生じる沿岸方向の底質移動を**沿岸漂砂**（longshore sediment transport）とよびます。また，それぞれの方向への漂砂量を岸沖漂砂量（q_x），沿岸漂砂量（q_y）とよびます。

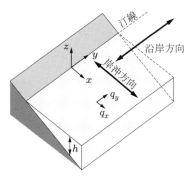

図 3.9　沿岸部における軸方向と各諸量の定義（Shibayama[13]）を基に作成）

　漂砂に伴う地形変化は，その地点における掃流漂砂の流入量と流出量，および底質巻き上げ量と沈降量の差 Δq_b から求めることができます。**底質の連続式**は次式となります。

$$\frac{\partial z_b}{\partial t} = \frac{-1}{1-\lambda}\left[\Delta q_b + \left(\frac{\partial q_x}{\partial x} + \frac{\partial q_y}{\partial y}\right)\right] \tag{3.20}$$

ここで，z_b：海底地盤面，λ：空隙率です。

　また，底質移動量 $\vec{q}$ は，移動状態にある砂の濃度 c と，その移動速度 u_s の積を波の 1 周期（0 から T まで）と水深（海底面 $-h$ から水面 η まで）にわたって積分することで求められます。

$$\vec{q} = \frac{1}{T}\int_0^T \int_{-h(x,y)}^{\eta(x,y,t)} c(x,y,z,t)\vec{u_s}(x,y,z,t)dzdt \tag{3.21}$$

　海浜の安定性を示すとき，**静的平衡状態**と**動的平衡状態**の二つの場合が考えられます。前者は底質が動かずにその場で安定し，留まることです。内湾の奥まった海浜や海岸構造物によって囲まれた海浜など，波や流れが非常に弱い場所が当てはまります。後者は波や流れによりつねに底質が移動しているものの，対象領域内においては土砂収支がつり合い，安定している状態をいいます。動的平衡が保たれていれば汀線位置

は安定していますが，土砂収支のバランスが崩れると侵食や堆積が生じます．

3.3.2　底質移動と地形変化
(1)　岸沖（縦断）方向の地形変化

　砕波帯，および波打ち帯（遡上帯）では波浪場の影響を受け，海浜地形はつねに変化しています．一般的に，荒天時には遡上した波により，波打ち帯，および汀線付近の底質が沖側に運ばれ，インナーバーとよばれる浅瀬が形成されます．このインナーバー周辺の底質は，静穏時になると掃流漂砂により徐々に岸側に輸送され，前浜の地形形状はやがて荒天時前の状態に戻ります．一方で，インナーバーよりも沖側に存在しているアウターバーは，岸沖方向に1列，または複数列となる場合もあります．茨城県波崎海岸において観測された沿岸砂州を図 3.10 に示します．この海岸では岸沖方向位置 200 m 付近で発生したアウターバーが約1年の周期で沖側に移動し，400 m 辺りで消滅することが観測されています[14]．このように形成，移動，消滅を周期的に繰り返す現象はアメリカやオランダなどでも観測されていますが，その周期は1年から20年と大きくばらついています．

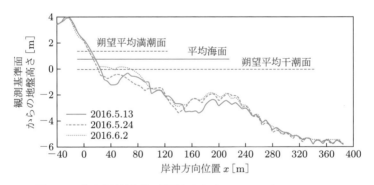

図 3.10　茨城県波崎海岸で観測されたインナーバーとアウターバー

　地形形状は**侵食型**と**堆積型**，また，その間となる中間型とに分けることができます．侵食型は図 3.11(a) のように，比較的波高が大きく，漂砂として浮遊砂が卓越しているときに生じます．浮遊砂は底面近傍の渦および水面近傍以外の沖向き流れ（戻り流れ）の影響を受けて，沖側に輸送されます．よって，汀線から沖向きの軸で考えると，浮遊砂変化量は沖に向かうほどに大きくなり（侵食傾向），砕波点付近から沖では戻り流れが小さくなることから堆積傾向となります．ゆえに，汀線付近は底質が沖側に輸送されることから侵食され（汀線が陸側に移動），それらが沖側に堆積することになります．

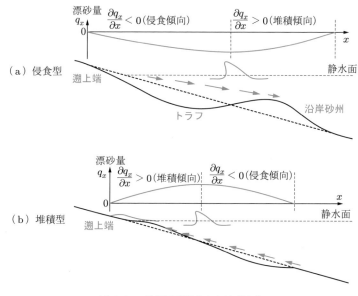

図 3.11　岸沖漂砂量分布と地形変化

　一方，堆積型は図 (b) のように，比較的波高が小さく，漂砂として掃流砂が卓越しているときに生じます．掃流砂は底面近傍の岸向き流れの影響を受け，陸側に輸送されます．汀線から沖向きの軸で考えると，底面付近の岸向きの流れは沖に向かって増加し（堆積傾向），砕波点付近から沖では小さくなっていきます（侵食傾向）．ゆえに，やや沖側に位置していた底質が陸側に輸送され汀線付近に堆積することにより，汀線が沖側に移動することになります．

　中間型については，汀線位置はほとんど変化しないものの，底質が岸側，沖側両方に運ばれ，汀線の岸側，およびやや沖側において堆積する形式です．

　岸沖漂砂に伴う岸沖地形変化として，海浜形状を侵食型，中間型，堆積型に分類する方法が提案されています[15]．次式の沖波波形勾配 H_0/L_0 を用いて，式中の無次元定数 C の値により海浜を分類できるとしています．

$$\frac{H_0}{L_0} = C(\tan\beta)^{-0.27}\left(\frac{d}{L_0}\right)^{0.67} \tag{3.22}$$

ここで，$\tan\beta$：現地における海底勾配で水深 20 m までの平均海底勾配，d：底質粒径です．無次元係数 C は，実験水槽スケールにおいては 8 よりも大きくなると汀線が後退し，沖に砂が堆積する侵食型となり，4 よりも小さくなると汀線が前進する堆積型，C が 4〜8 であればその中間型になるとしています．一方，現地スケールでは C が 18 よりも大きくなると侵食型となり，それよりも小さいと堆積型になることが知られて

います.

(2) 沿岸（横断）方向の地形変化

　沿岸漂砂は, 岸沖漂砂に比べると急激な変化となる場合は少ないものの, 波浪場の斜め入射や海浜流により生じ, 漂砂の方向は入射角によって変化します. 海岸に打ち寄せる波浪場は長期的には変化は小さいことから, 波・流れによる流出土砂量は過去から現在に至るまでおおむね一定であると考えられます. しかし, 土砂供給量については, たとえばダム建設や河川からの砂利採取などにより供給量が減少すると, 流出土砂量が上回り, 結果的に海岸侵食が生じます. 図 3.12 のように, 河口に近い箇所を検討対象領域とした場合, この領域内に出入りする漂砂量が同量であれば動的平衡となり, 汀線の変動, 地形変化はほとんど生じません. しかし, この出入量に差が生じると, それに伴い地形変化が生じることになります.

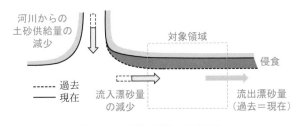

図 3.12　沿岸漂砂量と地形変化

　沿岸漂砂による地形変化は, 海岸構造物周辺においても生じます. 図 3.13 に代表的な地形変化パターンを示します[16].

① 沿岸漂砂阻止によって上手側が堆積し, 下手側が侵食する最も典型的なパターンです. 突堤の長さの影響を強く受け, 長くなると下手側が波の遮蔽域が比較的大きくなり, 突堤のすぐ近くにおいては堆積が生じます. また, 海岸線が凹型の場合, 海岸線は平均的に同じ方向を向くようになり, 凸型では上手の堆積, 下手の侵食ともに広範囲にわたることが多くなります.

② 浜の端の河川に対して導流堤を建設すると, 卓越する沿岸漂砂によってその海浜側は砂が堆積することが多くなります. 汀線が前進し, 水中部も砂が堆積し, 遠浅になりやすくなります.

③ 砂浜に直面した離岸堤等の陸側の静穏域に砂が堆積し, トンボロが形成されます. 一方, この静穏域の両側では侵食が発生します. また, 離岸堤が拡張されたりすると, それに応じてトンボロも移動します.

④ 構造物に対し漂砂の上手側の堆積が進行すると, 上手防波堤堤頭から港口の方向

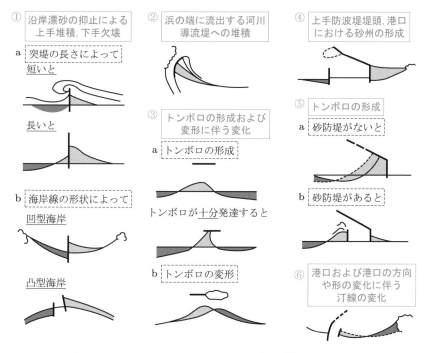

図 3.13　構造物周辺の地形変化パターン（田中[16]）を基に作成）

に向かって堆積が進み，港内側に浅瀬が形成されることがあります．

⑤ 防波堤が延長されると，防波堤背後に回り込む循環流の変化により，新たに土砂が流入し堆積します．砂防堤を設けることで土砂の侵入は防ぐことができますが，防波堤が砂防堤法線の延長上よりも延伸されると砂防堤港外側にも堆積が生じ，港湾埋没の原因になります．

⑥ 導流堤が延長されると，それに伴う導流堤背後への循環流の変化により，汀線はその円弧の曲率をおよび方向を変化させて新しい安定形状に向かいます．

（3）　海浜変形の時空間スケール

海浜変形の時間スケールは数時間から数十年オーダーまで様々です．高波浪時において，場合によっては一夜にして数十 m も汀線が後退する場合があります．また，波浪場の季節変動により汀線位置や沿岸砂州が年変動する海岸も見られます．さらに，海浜変形はより長い，数十年オーダーでの変動も見られます．波は陸に近づくにつれ，その波向きは屈折の影響により汀線に対して垂直になるように変化します．そのため，一般的に波のエネルギーは，岸沖方向成分の方が沿岸方向成分よりも大きくなります．波は漂砂の起動力であることから，岸沖漂砂は台風などの高波浪による短期的変動か

ら，季節変動（年変動）程度までの時間スケールに対して影響が大きいことになります．一方，沿岸漂砂に関しては，短期的にはその収支の差は小さいですが，長期的にはその差異が累積値となって地形変化に大きな影響を与えます．

茨城県波崎海岸にて観測された1987年から2001年までの汀線位置変動を図3.14(a)に示します．図(b)は周期1000日以上の長周期成分を再合成した汀線位置変動と汀線位置の年平均値，図(c)は周期1000日以下の周期成分を再合成した汀線位置変動です．図(d)～(f)は図(a)～(c)の変動の頻度分布です．長周期成分を除いた図(c)からわかるように，対象海岸では1年周期で汀線位置が変動しています．また，図(b)より，この季節変動以外にも周期5年程度の変動ももっていることがわかります．したがって，台風などの一時的な影響により汀線が大きく後退することはありますが，その後，砂浜が回復し，汀線が前進する事例は短期変動や季節変動として多々見られます．一方で，海浜変形としてより問題となるのは，沿岸漂砂による長期地形変化になります．

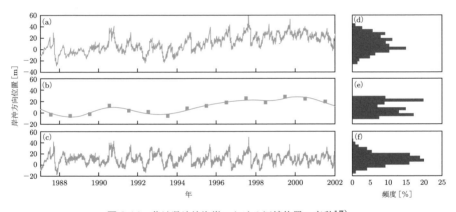

図 3.14　茨城県波崎海岸における汀線位置の変動[17]

3.3.3　漂砂量の算定

(1)　岸沖漂砂量

岸沖方向の漂砂は，波形の水面に対する上下方向の非対称性，波形前後の非線形性，海底面の砂れんなどの影響などにより，1周期あたりの**正味の漂砂量**とその方向は変化します．浅海域では浅水変形が生じ，海底面付近の岸沖水粒子速度は波形と同様に，図3.15のような非対称性が生じます．

波峰通過時における岸向きの流速は大きいですが，その継続時間は短くなります．一方，沖向きとなる波谷通過時の流速は小さいですが，継続時間は長くなります．底質

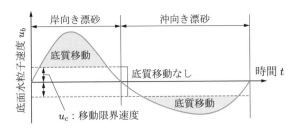

図 3.15   底面流速と底質掃流移動の関係

の移動は底面での速度が移動限界流速 u_c を上回った時間帯においてそれぞれ岸向き，沖向きの漂砂移動が生じます．正味の漂砂量とその方向（岸向き，沖向き）は，この両時間帯で生じる漂砂量の大小で決定されます．これらは地形変化の土砂収支から求める方法が一般的ですが，移動方向については蛍光砂をトレーサーとして求めることも可能です．底面粒子速度は岸向きの流速が大きいことから，粒径が比較的大きい底質が掃流形式で移動する場合には，その方向は岸向きになると説明することができます．一方で，砂れん近傍の渦が底質を浮遊させる場合には，移動の方向は逆転します．

岸沖漂砂量の算定にはいくつかの式が提案されています．無次元漂砂量 $Q_x^* = Q_x / w_s d$（Q_x：体積表示の単位幅あたりの漂砂量 $[\mathrm{m^3/s/m}]$，w_s：沈降速度，d：底質粒径）とシールズ数の最大値 ψ_m の関係を実験から求め，マドセンとグラント（Madsen and Grant）[18] は，波の半周期間における漂砂量，また，渡辺[19] は正味の漂砂量を算出する式を提案しています．

$$\text{マドセン・グラントの式：}\quad Q_x^* = 12.5\psi_m^3 \tag{3.23}$$

$$\text{渡辺の式：}\quad Q_x^* = 7(\psi_m - \psi_c)\psi_m^{1/2} \tag{3.24}$$

ここで，ψ_c：底質の移動限界シールズ数（≈ 0.05）であり，ψ_m が 0.5〜1.0 を超えると，底質が底面近傍を高濃度状態で移動するシートフロー状態になります．

例題 3.4   底質粒径が 0.2 mm の海浜において，シールズ数が 1.0 であるときの 1 周期での正味の岸沖漂砂量（体積表示）を算定しなさい．

解答   ここでは，渡辺が提案した式 (3.24) を用います．無次元岸沖漂砂量は，$Q_x^* = 7 \times (1.0 - 0.05) \times 1.0^{1/2} = 6.65$ と算出できます．体積表示にするには沈降速度 w_s（▶例題 3.3 参照）と底質粒径 d を掛ければよいので，単位幅あたりの岸沖漂砂量は $Q_x = w_s d \times Q_x^* = 3.325 \times 10^{-5}\,\mathrm{m^3/s} = 2.87\,\mathrm{m^3/}$日となります．この式を用いた場合，漂砂の方向については，底質の粒径などを用いて別途に判別する必要があります．

(2) 沿岸漂砂量

　沿岸漂砂は沿岸流の影響が非常に大きいことから，波のエネルギー輸送量の沿岸方向成分と沿岸漂砂量とを関係づけることが，コールドウェル (Caldwell)[20] を始め多くの研究者によって試みられています．両者を関連づけた式を以下に示します．

$$Q_y = K W_y^n \tag{3.25}$$

$$W_y = (EC_g)_b \sin\alpha_b \cos\alpha_b \tag{3.26}$$

ここで，Q_y：体積表示の沿岸漂砂量 $[\mathrm{m^3/s}]$，W_y：砕波点における海岸線単位幅あたり単位時間に輸送される波のエネルギーの沿岸方向成分 $[\mathrm{kg \cdot m/s^3}]$，$\alpha_b$：砕波波高です．係数 K は海底勾配や粒径など沿岸特性に関係した有次元量 $[\mathrm{m^2 \cdot s^2/kg}]$ となる値であり，上述の次元においては $0.01 \sim 0.6$ を示し，n は一般に 1 としています．

　インマンとバグノルド (Inman and Bagnold)[21] は，この定数 K が無次元となるよう，漂砂量 Q_y に代えて，漂砂量の水中重量 I_y $[\mathrm{kg \cdot m/s^3}]$ を用いて次式を提案しました．

$$I_y = K'(EC_g)_b \frac{V}{\hat{u}_{bm}} \tag{3.27}$$

ここで，V：平均沿岸流速，$\hat{u}_{bm}$：砕波点での底面における最大水粒子速度です．ロンゲット＝ヒギンズ[22] によれば，

$$V = \frac{5\pi\gamma}{16f_w} \tan\beta \times \hat{u}_{bm} \sin\alpha_b \cos\alpha_b$$

となるため（ここで，$\gamma = H_b/h_b$, $\tan\beta$：前浜勾配，f_w：底面摩擦係数），$K = K'(5\pi\gamma/16f_w)\tan\beta$ とおけば，次のように表されます．

$$I_y = K(EC_g)_b \sin\alpha_b \cos\alpha_b \tag{3.28}$$

　コマーとインマン (Komar and Inman)[23] は，波のエネルギー E を求める際に H_{rms} を用いて $K = 0.77$ を得ています．また，アメリカ陸軍工兵隊の海岸工学研究センター (CERC) は，$H_{1/3}$ を用いて $K = 0.39$ としています．レイリー分布によれば，$H_{1/3} = 1.41 H_{\mathrm{rms}}$ ですから，両者は同等といえます．

　重量表示の漂砂量 I_y と体積表示の漂砂量 Q_y には

$$Q_y = \frac{I_y}{(\rho_s - \rho)g} \tag{3.29}$$

の関係が成立することから，この式に式 (3.28) を代入すると次式となります．

$$Q_y = \frac{K}{(\rho_s - \rho)g}(EC_g)_b \sin\alpha_b \cos\alpha_b \tag{3.30}$$

ここで，Q_y は空隙を含まない体積表示になっているため，地形変化などに用いる際に

は，空隙率 λ とした場合，$(1 - \lambda)$ で除する必要があります．

この式により，海岸構造物が少ない海岸での沿岸漂砂量は適切に評価することができますが，海岸構造物をもつ海岸では沿岸方向に波高と流速が変化することから，正しく評価ができません．小笹とブランプトン（Ozasa and Brampton）[24] は，沿岸方向の波高分布を加味し，海岸構造物をもつ海岸での沿岸漂砂量式（体積表示）として以下を提案しています．

$$Q_y = \frac{(EC_g)_b}{(\rho_s - \rho)g} \left(K_1 \sin \alpha_b \cos \alpha_b - \frac{K_2}{\tan \beta} \cos \alpha_b \frac{\partial H_b}{\partial y} \right) \tag{3.31}$$

ここで，K_1，K_2 はともに経験的係数であり，第 2 項は砕波波高の沿岸方向の勾配を含んでおり，K_2 をゼロとすると式 (3.30) と同一になります．K_1 は 0.01〜0.6 程度の値が用いられ，K_2 は $1.62K_1$ が多く用いられています．

3.3.4 底泥の移動

内湾域などにおいて，シルトや粘土の泥分が堆積した海岸が見られます．これらを**泥質海岸**（muddy coast）とよびます．泥は砂と異なり粘着性をもつことから，泥質の移動は砂の移動とは異なる挙動となります．底泥は一般に非ニュートン流体となるため，その流体に適した運動方程式を基に検討を行う必要があります．波による底泥の移動形態としては，波によって浮遊した後，流れによって輸送される場合，波によって動きやすくなった底泥が斜面に沿って流下する場合，質量輸送によって移動する場合などが考えられます．

底泥層の水平方向の質量輸送フラックス $\overrightarrow{q_m}$ は，底泥面を基準として上向きに z 軸をとると，次のように表せます．

$$q_m(x, y, z, t) = \int_{-h_y}^{0} c_m(x, y, z, t) u_m(x, y, z, t) dz \tag{3.32}$$

ここで，c_m：底泥の質量濃度，u_m：泥層内の底泥流速であり，h_y は作用する底面せん断応力と泥の降伏応力がつり合う位置の深さです．

泥層での輸送量を算出するためのモデルは，泥層の波動現象による泥の質量輸送量を計算するために，これまでに粘性流体多層モデル，粘弾塑性体モデル，レオロジーモデルなどが提案されています．

3.4 海浜変形とその対策

海浜変形は自然的要因によっても生じますが，近年は人為的要因による影響が顕著となってきています．本節では海岸侵食の要因について解説するとともに，土砂堆積

による問題についても取り上げます．さらに，海岸保全対策として実施されている海岸構造物を用いたハード対策，あるいはソフト対策についても解説します．

3.4.1　海浜変形の要因

　海浜変形は自然的要因，および人為的要因によって生じます．自然的要因としては，たとえば，高波浪が常時襲来する海岸での海食崖の形成，特定の沿岸方向に波エネルギーが増大するような海岸での砂嘴の形成などが挙げられます．一方で，近年においては人為的要因による影響が顕著となってきています．

(1)　人為的影響による海岸侵食

　都市社会基盤を構築するうえで，治水は最も重要な課題の一つといえます．日本においても古くから河川洪水などの治水のため，ダム建設や河道整備が実施されてきたとともに，山間部では砂防ダムの建設なども行われてきました．このような整備がなされた河口周辺の海浜においては，土砂の供給源となる場所での砂防，河川整備に伴い，陸域からの供給土砂量が減少し，結果的に海岸侵食が発生しています．

　海岸侵食要因は，大きく以下の七つのタイプに分類することができます[25]．
　① 卓越沿岸漂砂の阻止に起因する海岸侵食
　② 波の遮へい域形成に伴って周辺海岸で起こる海岸侵食
　③ 河川供給土砂量の減少に伴う海岸侵食
　④ 海砂採取，または航路浚渫に伴う海岸侵食
　⑤ 侵食対策のための離岸堤建設に起因する周辺海岸の侵食
　⑥ 保安林の過剰な前進に伴う海浜地の喪失
　⑦ 護岸の過剰な前出しに起因する砂浜の喪失

このように，沿岸地形の人為的変化も海岸侵食要因の大きな一因であるといえます．高波浪や高潮災害から堤内地を守るため，また，砂浜や背後地保護のため，海岸保全施設が全国で建設されました．これらの公共工事はそれぞれが一定の効果を上げることを目的とし，必要であったことは確かです．しかしその反面，これら構造物建設に伴う波の反射や回折，また，侵食対策のための離岸堤建設に起因する周辺海岸の副作用としての侵食や堆積も発生しています（図3.16）．

(2)　土砂堆積（航路・港内埋没，河口閉塞）

　漂砂に関しては，土砂堆積が問題となる場合もあります．港湾や漁港を管理する場合には入港する船舶が必要とする喫水深を確保する必要があり，土砂堆積が進むとこれらを除去する必要があります．航路もまた同様になります．

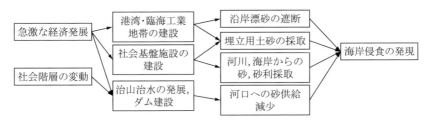

図 3.16　日本とアジア地域での海岸侵食の発現過程（柴山ら[26]）を改変）

　加えて，おもに沿岸漂砂による河口閉塞も土砂堆積の問題の一つです．河口が閉塞されてしまうことにより，内水の水位が上昇し，場合によっては河川氾濫を引き起こす可能性もあります．

3.4.2　海岸保全対策の目的と機能

　日本は台風の常襲地帯にあり，とくに太平洋沿岸部は高波浪や高潮の危険性が高くなります．また，日本海沿岸では冬季風浪による海岸災害も頻発しています．海岸侵食問題は日本に限らず世界中で発生しており，放置すれば貴重な国土が失われることになり，その保全はきわめて重要です．日本における海岸侵食は，明治時代以降の近代化の過程で急激に進行し，深刻な侵食が各地で発生しています．砂礫海岸における侵食速度は，明治から昭和にかけての 70 年間で 72 ha/年，一方，昭和から平成にかけての 15 年間では高度経済成長の影響として 160 ha/年と，その速度は増加しています．

　日本では，1956 年に海岸法が制定され，その主目的は海岸の防御でした．その後，1999 年に改正が行われ，海岸の防御に加えて海岸環境の整備と保全，海岸の適正な利用という二つの項目が加わりました．つまり，現在は防御，環境保全，利用を 3 本柱として海岸保全施設の整備が行われています．これらハード対策に加えて，ソフト対策による海岸整備も併せて実施されています．

　海岸保全施設（shore protection facilites）とは，海水の侵入，または海水による侵食から海岸を保全する目的で設置される堤防，突堤，護岸等の施設のことです．海岸保全施設は海岸保全区域内に建設され，その範囲は春分の満潮時の水際線より陸側へ 50 m から，春分の干潮時の水際線より海側へ 50 m（海岸法）になります．管理についてはそれぞれの都道府県，市町村，その他の地方公共団体によって行われ，区域内の保全対策工事はそれら地方公共団体と国が協力して行うことになります．

　海岸構造物の形式は，大きく分けて三つあります．
　① 波の進行，砂の移動を完全に阻止する不透過形式
　② 波の進行，砂の移動の一部が透過する透過形式

③ これらに大きな影響を与えない円柱形式

以下に，おもな海岸構造物を示します（▶図3.3 参照）．

- **離岸堤**（detached breakwater）：

  海岸（汀線）よりやや沖側に，海岸線と平行に建設される構造物です．この構造物により波の反射によって波の勢いを弱め，海岸に当たる波力を軽減させます．また，構造物背後に砂を堆積させる効果もあります．

- **潜堤**（submerged breakwater），**人工リーフ**（artificial reef）：

  海岸（汀線）よりやや沖側，水面下に建設される消波構造物です．潜堤のうち，天端水深を浅く，天端幅を広くしたものを人工リーフとよびます．人工リーフにより浅水変形を生じさせ，砕波等により波のエネルギー散逸させることで，沿岸部に加わる波力を弱めるはたらきがあります．

- **突堤**（groin, jetty）：

  海岸（汀線）から沖に向かって垂直に設置された構造物であり，沿岸漂砂制御を目的としています．通常，一定の間隔で複数建設し，その海岸での沿岸漂砂を制御し，突堤の上手側に砂を堆積させることによって浜幅を広くさせる効果があります．

3.4.3　海浜の保護と養浜

　海浜は人々のレクリエーションの場であるとともに，各種の動植物の生息生育や人々の利用・憩いの場としても重要な役割を果たしています．従来，比較的安定していて防災対策の必要がなかった海岸においても，徐々に侵食が進行している事例が見られます．海岸侵食が進行すると，その陸側に存在している松林等の生育環境を奪うだけでなく，陸地への塩分飛来，越波量，浸水被害の増加などを引き起こす可能性が高まります．さらに，堤防等の海岸保全施設基礎の洗掘によりそれらの機能が低下し，被災の危険性が高まることも考えられます．

　一般的に海浜の形状は，その構成材料である砂礫の特性と，波の強さや方向などの外力の特性によるバランスの上に成り立っています．そのため，海岸の侵食が生じている場合，一般に私たちが目にする陸上部のみならず，海域部においても相当量の土砂損失が生じていると考えられ，一度広域的に海岸侵食が発生すると，その回復はきわめて難しいといえます．

（1）　海岸保全施設としての砂浜の役割

　砂浜においても，海岸管理者が消波等の海岸を防護する機能を維持するために設け，かつ主務省令で定めるところにより指定されたものであれば，海岸保全施設に指定さ

れます．砂浜の防護機能は，波浪エネルギーを減衰させることによる波の打ち上げ高や海岸背後への越波を減少させる消波機能，また，堤防・護岸等の洗掘を防止する機能があります．よって，砂浜の幅，高さ，および長さは，設計高潮位以下の潮位の海水，および設計波以下の波浪の作用に対し，これらの機能が確保されるように定めなければなりません．

また，安全性能として，高波浪時に侵食しその後の静穏時に堆積するといった，季節変動も含めて繰り返し生じる可逆的・短期的な地形変化のみならず，沿岸漂砂の不均衡や不連続による数十年スケールの不可逆的な長期的地形変化に対しても，適切な安定性をもつ必要があります（▶ 図 3.14 参照）．そのため，砂浜の設計においては，これら短期と長期の二つの変化が同時に生じて汀線が後退した場合においても，波浪が背後地に影響を及ぼさない必要な浜幅が確保されなければなりません．

(2) 養浜工

海岸保護の観点から見ると，海岸構造物以外での保護方法として**養浜工**（sand nourishment）が挙げられます．近年では，養浜した材料をより安定的にその場に留まらせるため，自然海浜の粒径よりもやや大きい粒径を用いた粗粒材**（礫）養浜**も神奈川県秋谷海岸[27]などで行われています．これら養浜は海岸構造物を使用しない，自然に優しい工法ではあるものの，絶えず砂を供給したり砂礫をリサイクルしたりする必要があり，継続的なメインテナンスとそのための予算措置が必要です．

養浜形態（工法）は，大きく動的養浜と静的養浜に分けられます．動的養浜は，砂が移動している漂砂環境を人工的に復元，創造するものであり，基本的には付帯施設は伴いません．連続した砂浜全体を対象とすることを基本とします．方法としては，漂砂源からの土砂供給量の減少を補う養浜のほか，構造物によって沿岸漂砂の連続性が遮断された海岸において沿岸漂砂の連続性を人工的に確保する**サンドバイパス**（sand bypassing），漂砂系内の下手側，あるいは沖側に流出した土砂を回収し，上手側の海岸に戻す**サンドリサイクル**（sand recycling）があります（図 3.17）．

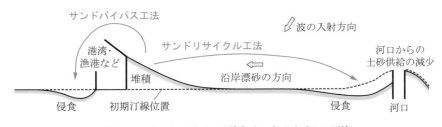

図 3.17　サンドバイパス工法とサンドリサイクル工法

静的養浜は，浜幅が狭いポケットビーチなどにおいて実施されることが多く，また，利用を目的として造成された人工海浜や，面的防護法式に基づく保全対策に広く使われています．漂砂の流出防止，波浪制御を目的とした付帯施設を伴うことが一般的です．

Column　ダムと海岸

　このコラムのタイトルは「ダムと海岸」です．なぜ山奥にあるダムと海岸なのでしょうか？　これまで本書で学んできたみなさんは，海岸工学にとって重要なのは水の運動と水による物質の移動だということが理解できていると思います．

　ここで砂浜海岸を考えてみましょう．砂浜の砂はつねに波によって移動しており，その砂がどこから運ばれ（侵食），それがどこに到達（堆積）するかによって，海岸の形やその変化が決まってきます．この海岸を形成する砂は，長い年月をかけて雨が山を削り，それを川が海岸まで運んできたものです．砂浜にある砂の一部はつねに波によって海の深い部分に運ばれて，砂浜に戻ってくることはありません．したがって，海への土砂の供給がなくなる，つまり，川が上流から土砂を運んでこなくなると，砂が減るだけになり，海岸が侵食されることになります．日本は 1960 年代からの高度成長期に，水需要・電力需要に応え，また，災害対策を行うために各地にダムを建設しました．ダムの建設により土砂がせき止められ，川からの土砂供給が減ったことで，海岸侵食が各地の海岸で進みました．

　また，砂の供給や移動は，海岸の形状や構造物の存在に大きく依存するので，洪水対策のために造られた放水路や，港湾施設，防波堤・突堤などの建設も，海岸の侵食や堆積に影響を及ぼしてきました．

　海岸，とくに砂浜は，災害の防止に大きな役割を果たしています．海岸侵食により砂浜が狭くなることで，高波が直接人々の生活を脅かすことになります．海岸工学では，このような問題を解決するため，漂砂の解析により海岸の保全方法を提示することや，より周辺の海岸に影響を与えない構造物の配置や形状の提案などの方策の提案をします．

　海岸工学の発達によって，砂浜の安全性を確保する方策などが考えられるようになりましたが，河川からの土砂供給の管理がとても重要なことは確かなので，近年では山岳部を含む流域及び河川と海岸を一連のものとして土砂管理をするという考え方がとられるようになってきています．

演習問題

3.1 有義波高 2.0 m，周期 8 s の深海波が，平均中央粒径 0.2 mm の底質の海岸に入射するときの完全移動限界水深を求めなさい．

3.2 平均中央粒径 0.2 mm の底質が広がる海底勾配 1/80 の砂浜海岸を考えます．ここに，沖波波高 2.0 m，沖波周期が 10 s の波が襲来するとき，この海浜は侵食型，中間型，堆積形のどれに区分されるでしょうか．

3.3 波が水深 2.0 m の地点で砕波しているとします．この砕波点での波高 1.5 m の波が，汀線に対して 30° で砂浜海岸に襲来しています．このとき，1 日あたりの全沿岸漂砂量（体積表示）を求めなさい．ただし，係数 K は 0.39 m^2·s^2/kg とし，底質，および海水の密度はそれぞれ 2560 kg/m^3，1030 kg/m^3 とします．また，砕波点では水深に比べて波長が十分に長いと考えてかまいません．

港の施設の設計・建設と利用

本章では，港の果たしている役割や歴史について述べることから始めます．次に，代表的な港の施設としてケーソン式防波堤を取り上げ，その設計や建設の方法について説明します．さらに，捨石防波堤や桟橋の杭に作用する波力の考え方についても説明します．

4.1 港の社会的役割

港（port）とは，船が出入りして物や人を運ぶために必要な施設や敷地の総称です．河川にある場合は河川港，湖にある場合は湖港とよばれますが，海岸の場合，海岸港とはよばず，単に港といいます．その代わりに，利用上の分類に応じて，**港湾**（port and harbour），**漁港**（fishing port），あるいは**マリーナ**（marina），**商港**（commercial port），**工業港**（industrial port）など，様々に呼び名が変わります．また，日本では港湾は「港湾法」，漁港は「漁港漁場整備法」という法律に基づいて，前者は国土交通省，後者は農林水産省が所管しています．港は道路や橋とは異なり，日常生活であまり目に触れる機会がなく，重要性の割りにこれほど一般の人々に馴染みのない社会インフラストラクチャも珍しいといえます．しかし，四方を海に囲まれている日本において，港は最も大切な土木インフラストラクチャの一つで，港が存在しない社会では，産業社会に根差した私たちの生活は成り立ちません．

日本は諸外国と比較しても資源の輸入依存度が高い国ですが，とくに石油，原油，天然ガスなどエネルギーの自給率はたかだか7〜8%で，90%以上を海外からの輸入に頼っています[1]．食料は，それよりは若干自給率が高いですが，完全自給に近いコメなど一部を除けば対外依存度がやはり高く，肉類や魚介類では50%程度，果実で60%，大豆や小麦に至っては90%が輸入品です[2]．また，日本は山が多く林野に恵まれているように思えますが，紙やパルプなどの原料として使用される木材の約80%は海外からの輸入に頼っています[3]．そして，これらの海外から輸入される物資の99.6%が海上貨物，残りが航空貨物です[2]．海上貨物のほぼすべてが船により港に運ばれています．さらに，船は物だけでなく，私たち人を運ぶ重要な交通手段です．日本には島が6,847（本州，北海道，四国，九州および沖縄本島を除く）存在しますが，416が有人

島です[4].　そのうち空港やヘリポートを有する島は 46 しかないので，人の移動の大部分が船に頼っていることになります．外洋に面して高い波に見舞われる島も多いため，港は離島で人が生活をするためには絶対的に必要な社会基盤施設です．漁業が島の主要な産業であることが多く，漁港中心に経済が成り立っている場所も少なくありません．

　このように人と物の移動の多くが船に依存しているため，日本には実に多くの港が存在します．港湾の数は全国で合計 993 にのぼり，うち 5 港が国際戦略港湾（東京，横浜，川崎，大阪，神戸の各港），18 港が国際拠点港湾，102 港が重要港湾に指定されています（国土交通省港湾局調べ，2019 年 4 月 1 日現在）．また，漁港は 2,823 港も存在しますが（農林水産省水産庁調べ，2018 年 4 月 1 日現在），その中で利用範囲が全国的な港が第 3 種漁港（101 港），第 3 種漁港の中でとくに重要な港が特定第 3 種漁港（13 港）として指定されています．

　図 4.1 は，国が指定する主要な港の位置を示しています．たとえば，漁港であれば東北や九州，中国地方に比較的多く，また港湾であれば東京湾と大阪湾，瀬戸内海の沿岸にとくに多いことがわかります．漁港は魚の水揚げに関係しますし，港湾であれば工業地帯があり，経済圏が広がっているなど，後背地の条件が立地に大きく関係します．また，小さい港まで含めた全国分布図を見ると，漁港が全国各地にほぼ等しく分布しているのに対して，港湾は西日本にとくに多いことがわかります．これは次節で述べるように，漁港が地域に根差して発展してきたのに対して，港湾の発展は歴史

（a）代表的な港　　　　　　（b）港の全国分布

図 4.1　日本の代表的な港（2019 年 9 月現在）と港の全国分布
（国土交通省国土数値情報を利用して作成）

的な交易のルートに大きく関係しているためと考えられます.

　国から特別に指定されていない港の中にも,重要な港があることはいうまでもありません.たとえば,日本有数の水揚高を誇る釧路港は特定第 3 種漁港ではありません.しかし,釧路港のように水揚げが多い漁港は,その周囲に水産加工工場や製氷工場,卸売市場,倉庫業,運送業,造船業などが集まっており,地域の一大産業地帯を形成しています.また,沖縄県には特定第 3 種漁港はなく,第 3 種漁港も一つしかありませんが,漁港の数が全国で 13 番目に多く,地域と漁港がいかに密接につながっているかがわかります.東京都小笠原の二見漁港や愛知県の赤羽根漁港などのように,漁船の避難事故を防ぐための**避難港**(port for evacuation)として重要な役割を担っている港もあります.ほかにも,名古屋港は国際戦略港湾には指定されていませんが,国内トップクラスの取扱貨物量を誇っています.四国には国際戦略港湾や国際拠点港湾はありませんが,重要港湾に指定された港が 13 港もあり,漁港の総数は 404 港にのぼります.全国総人口に占める四国の人口割合は 3%にすぎませんが,重要港湾の数は国内全体の 13%,漁港の数では 14%を占めており,いかに地域において港が大切であるかがわかります.

4.2 港の歴史と世界とのつながり

　日本の港がどのように発展し,世界とどのようにつながってきたのか,歴史的な時間軸で見ていきましょう.表 4.1 に,日本の港にまつわる出来事を示します.古代より交易のかなめとして,歴史の転換点や近代化の過程で港が大きく関係していることがわかります.

　ただし,いまの港湾の姿やあり様に,とくに強く影響を及ぼしているのは明治以降の出来事です.その理由の一つは,明治に入り,富国強兵のための殖産興業の取り組みの一環として,各地で築港が行われたことにあります.明治初期の頃は,いわゆるお雇い外国人,とくにオランダとイギリスからの招聘技術者の指導によるところが大きかったようです.また鎖国から開放されたことで,1893 年には国内初の外国定期航路が神戸ーボンベイ間に開かれて,インド産綿花の輸入が本格化しています.また,1896 年には横浜とシアトルを結ぶ航路が開設されて,アメリカ産綿花が日本に向けて送られています.このような良質な原材料の入手が,近代日本の産業の発展に寄与しました.

　第二次世界大戦後の高度経済成長期には日本全国で港の立地が進みました.欧米では大河川あるいは運河で物資を輸送できる場所に重工業を立地しましたが,日本では内湾の埋立地に工場を立地して,港湾を建設して海を利用して原料・製品を輸送する

表 4.1 日本の港に関する略年表

年　代	出来事
古代〜	古墳時代・最古の舟運用の掘削水路（奈良・纏向集落遺跡）
	中国大陸や朝鮮半島の国々との交易
中世〜	瀬戸内海の大輪田（現在の神戸あたり）や堺などで中国との活発な交易
室町時代（1336 年〜）	ポルトガル，スペイン，オランダなど欧州諸国との交易
江戸時代（1639 年〜）	鎖国体制，オランダ商館の長崎出島への移転，ポルトガル船などオランダ以外の船の来航禁止
	鎖国政策により 500 石積（約 80 トン）以上の大型船建造禁止
	江戸を中心とした東廻り航路，大坂を中心とした西廻り航路，および江戸と大坂を結ぶ江戸・上方航路など 2 大消費地を中心とした国内舟運流通網の発達
幕末（1853 年〜）	ペリー提督率いる米国海軍東インド艦隊の浦賀来航，開国への政策転換
	横浜，函館，長崎開港（1859 年），神戸開港（1867 年）
明治時代（1868 年〜）	外国人技師の招聘による野蒜港，横浜港，宇品港などの築港
1893 年	神戸−インド・ボンベイ（現在のムンバイ）間で初めての遠洋定期航路
1897 年	遠洋漁業奨励法の制定による外来漁法技術・動力漁船の導入促進
1897 年〜1908 年	日本初の外洋防波堤（小樽港北防波堤）の建設
1950 年	港湾法および漁港法（現在の漁港漁場整備法）の制定
1995 年	兵庫県南部地震（阪神・淡路大震災）
2011 年	東北地方太平洋沖地震（東日本大震災）
2020 年	東京国際クルーズターミナル完成

臨海型工業が発展しました[5]．このような臨海工業地帯との直結が日本の港湾の大きな特徴といえます．この結果誕生したのが，京浜，中京，阪神，北九州の四大工業地帯です．現在では生産規模が相対的に低下した北九州を除いて三大工業地帯とするのが一般的ですが，2015 年における製造品出荷額は，それぞれ 261,086 億円，571,215 億円，323,552 億円，92,483 億円です[6]．中京工業地帯が最大ですが，これは自動車を中心とした輸送機械の出荷が突出しているためです．

　一方，漁港の場合は，漁場に近い場所に長い時間をかけて自然条件と人間の営為に

図 4.2 漁港の例（銚子漁港）

応じて立地してきたように思われるケースが多いことが特徴です. たとえば, 日本一の水揚げ量を誇る銚子港（図 4.2）は利根川河口に位置していますが, この港の誕生・繁栄は長い目で見れば江戸幕府前期に行われた利根川の東遷と大いに関係すると考えられています. しかし, 漁港もやはり明治以降の大きな変革がいまの漁港を形作っています.

　日本の漁業は江戸時代までは比較的狭い沿岸域を漁場とする沿岸漁業が中心でしたが, 明治に入ってから漁船の動力化のため, 沖合漁業へと漁場が拡大していきました. さらに, 明治政府は 1897 年に遠洋漁業奨励法を制定して, 国を挙げて遠洋漁業の促進を行いました. クジラやマグロ, カツオなどを獲るため, 海域もオホーツク海や東シナ海, 台湾海峡へと広がりました. 同時に木船から鉄船へ, 無動力漁船から動力漁船へと転換が進んでいきました. たとえば, カツオの遠洋漁業で日本一の水揚げを誇る静岡県・焼津漁港では全国に先駆けて動力漁船が導入されています[7]. 漁船の大型化や水揚げの増加に伴って漁港も拡張していきました. 小型の漁船は遭難も多く, 大正時代には 1% の漁船が遭難を経験したといわれています. とくに浜に戻る際に**砕波帯**（wave breaking zone）を横切る必要があり, この際に転覆事故が相次いだようです. このため, 近代漁港の配置計画では, 砕波による漁船遭難の数を減らすことに重きが置かれました[8].

　1995 年に発生した兵庫県南部地震（M7.3）は, 震源に近い神戸港の人工島ポートアイランドや六甲アイランドに激甚な被害をもたらし, それまで右肩上がりだった神戸港の取扱貨物量は激減しました. このような影響もあり, 震災後は日本の港の世界的な地位低下を懸念する声が大きく, コンテナ船の大型化に港湾施設が対応できていないことや, 高水準な港湾利用料, 煩雑な港湾諸手続きなど, 港自体の問題を改善することで港湾の国際競争力を回復すべきという声が高まった時代です. 一方で, 現在日本が直面しているグローバル経済の拡大は, 殖産興業期や高度経済成長期の産業構造, 貿易構造と本質的に異なり, 港を大規模・効率化すれば取扱貨物量も増加するよ

うな単純な構造でないことは明らかです.

　2011 年に発生した東北地方太平洋沖地震（M9.0）では，津波により青森県八戸港から茨城県鹿島港に至る太平洋側全ての港湾が被災し，防波堤や岸壁等に大きな被害が生じました. 同時に，津波による漂流ガレキ等が航路等へ埋塞したため，港湾機能が全面的に停止する事態に陥りました[9]. しかし，漂流物や沈下物を除去する航路啓開という作業が速やかに行われたため，発災より 2 週間以内に主要港湾すべてにおいて岸壁が利用可能となり，被災地への緊急物資や燃料油等の移送に貢献し，港の重要性が改めて認識されました.

　近年では，とくにアジアのクルーズ市場の急拡大を背景に**クルーズ船**（cruise ship）の入港が増加しています（図 4.3）. 東京港の場合，レインボーブリッジによる高さ制限があり港奥に船が着岸できないため，2020 年に予定されていた東京オリンピックに間に合うべく，橋の手前に東京国際クルーズターミナルの建設が行われました.

図 4.3　大型クルーズ船の東京港入港

4.3　港の空間と施設

　港と一口でいっても，それを地図上で特定するのはそれほど容易ではありません. たとえば，横浜港（図 4.4）が日本を代表する港の一つであることは誰でも知っていると思いますが，工場のように壁で仕切られたわかりやすい港という敷地があるわけではありません. 実際に，港湾法上の横浜港は横浜市鶴見区から金沢区までのかなり広範な範囲に広がっています. 横浜港のエリア内に，山下ふ頭や本牧ふ頭，大黒ふ頭，大さん橋など主要港湾施設が点在しており，**港湾管理者**（port authority）である横浜市が管理しています. 同様に，川崎市が管理する川崎港も京浜工業地帯を含む広い範囲に広がり，火力発電所や製鉄所，物流センター，倉庫など多くの施設からなっています. 公共ふ頭や企業が所有する専用ふ頭の周囲には，京浜運河を始め多くの運河が張り巡らされています.

図 4.4　横浜港・川崎港のレイアウト

　このような港湾エリアは海に面していますが，観光で訪れるような場所でもありま
せんし，外国との貿易を厳しく管理するために立ち入り禁止の区域も多いため，広大
な面積を占めながら，港ほど目立たない土地はほかにはないかも知れません．しかし，
港で行われる**荷役**（loading and uploading）は，背後地域の経済や流通，消費，生産
など，人や社会のあらゆるものに直接的，間接的につながっています．このため，**航
路**（channel）や**運河**（canal）の深さを確保するために**浚渫**（dreging）を行ったり，
敷地内の埋め立て護岸を補修したり，津波や高潮，高波から**ふ頭**（wharf）や工場を守
るために防波堤や防潮堤を整備したり，船が着岸するための桟橋を新設したり，港の
技術者の役割は数多くあります．

4.4　施設の設計

　ここでは，港の主要な施設とその設計に必要な外力について説明します．港を守る
施設として防波堤がありますが，その種類や形式の変遷についても解説します．

4.4.1　構造物に作用する力

　構造物はその耐力と想定する外力を比較して適正に設計する必要があります．通常
は複数の外力に対して検討を行って，そのうち最も支配的な外力に十分に耐えるよう
に断面の形状や構造，細部を決定していきます．たとえば，**岸壁**（quay）ならば地震
力が外力として支配的にはたらく場合が多く，地震時の背後の土圧を液状化などの可
能性を考えて算定します．海岸工学の知識がとくに必要になるのは，波がもたらす波
力で断面や構造が決まる防波堤や堤防などを設計する場合です．表 4.2 に，港や海岸
を守る代表的な構造物とその機能，作用する主要な外力を示します．

表 4.2　港や海岸の構造物と主要な外力

構造物の種類	おもな機能	主要な外力
ケーソン式防波堤, 離岸堤	反射による波浪の静穏化	波力
捨石式防波堤, 消波ブロック, 人工リーフ	消波による波浪の静穏化	波力
防潮堤, 津波防波堤	遮蔽による海水の浸入防御	津波力, 波力, 高潮荷重, 地震荷重
海岸堤防	反射による越波の軽減	波力, 地震荷重
護岸, 岸壁, 重力式係船岸	土地造成	地盤荷重, 地震荷重
杭式桟橋	船の接岸, 上載荷重保持	波力, 地震荷重, 船舶接岸力
灯台	航路標識	波力, 地震荷重

4.4.2　設計波の選定

　港や海岸の構造物の場合, 風波が決定的な外力になるケースが多いですが, 当然穏やかな海の波と暴風時の荒れた海の波では波力の大きさがまったく異なります. 構造物は海が荒れた中でも耐える必要があるので, 設計を平均的な波に対して行ったのでは不十分で, 最大レベルの波を想定しなくてはいけません. どのレベルを最大と考えるかは単に技術上の問題だけではありませんが, 防波堤の場合, 平均して50年に1回発生する, すなわち**再現期間**(return period) 50年程度の高波を対象として設計するのが通例です. しかし, 波のような自然外力を正確に予測することは難しいため, **設計波**(design wave) の設定は確率・統計的な手法に頼る必要があります. 求めるべきは高波の発生確率であるため, 過去に高波がどのような大きさで, どのような頻度で発生したかを知る必要があります. このような問題は特異的な自然条件の発生確率を求める問題で, **極値統計解析**(extreme value analysis) という統計手法に分類されます. この方法では, 波浪観測データのような標本がどのような確率分布の母集団に属するかを推定し, その逆関数を用いてある再現期間に対応する極値を推定します. **分布関数**(distribution function) としては, ガンベル分布やワイブル分布, 対数正規分布などが使われます. 極値統計解析による設計波の選定方法については, 合田[10]などが詳しく述べています.

4.4.3　防波堤の発展の歴史

　防波堤(breakwater) の歴史は古く, 現存する最古の防波堤は紀元1世紀, ローマ皇帝トラヤヌスの時代に建設されたイタリア・チベタベッキアの**捨石堤**(rubble mound) であるといわれています. この防波堤は, 波浪による捨石の散乱や沈下による損傷を受けて, そのつど捨石を補充するといったサイクルを長年繰り返して, 最終的に安定的な平衡状態にたどり着いたと考えられています. 古代エジプト, フェニキア, ギリシャ, ローマの地中海の国々では, 捨石堤以外にも石積堤や直立堤, 捨石堤と直立堤

を合わせた混成堤といった，現代的な構造様式の防波堤がすでに建設されていたようです．

　図4.5は防波堤の発展の変遷です．大きく分けると，今日日本において主流となっている**混成防波堤**（composite breakwater）への変遷と，ヨーロッパで主流となっている捨石防波堤への変遷の二つの流れがあります．ヨーロッパとわが国において防波堤のたどった発展の変遷に大きな相違が見られる理由については諸説ありますが，一般にヨーロッパでは，混成防波堤が被災するとこの方式自体を放棄して傾斜堤として復旧する場合が多いのに対して，日本では混成防波堤の方式を活かす形で改修を図るのが通例であったことが関係するようです[12]．しかし，1970年代，80年代にヨーロッパの各地で発生した捨石防波堤の大規模な被災は，ヨーロッパの技術者に再び混成防波堤に目を向けさせる転機となりました[13]．

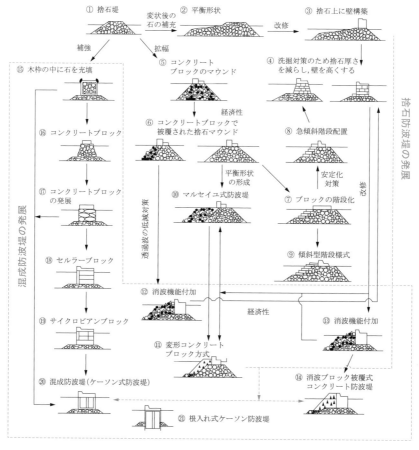

図4.5　防波堤の発展の歴史（Tanimoto and Goda[11]）を基に作成）

　近年では，潜函工法（ニューマチックケーソン）による根入れ式ケーソン防波堤とよばれる方法も，田子の浦港や名古屋港の防波堤の一部に採用されています．これは，海底面以下に深い基礎を築くことで水平抵抗を増加させて，耐波安定性や耐震性を向上させる工法[14]で，施工技術の進化により混成防波堤がさらに発展した形式といえます．

4.5 ケーソン式防波堤の設計と建設

　日本で建設される防波堤の最も一般的な様式が**ケーソン式防波堤**（caisson-type breakawater）です．**ケーソン**（caisson）とは，隔壁をもつ鉄筋コンクリート製の中空な函のことで，陸上のヤードやドライドックで製作し，大型のクレーン船などで曳航し，港や海岸に設置します．ここでは，波の力に対する安定性をどのように評価するのか，またその建設方法についても説明します．

4.5.1 設計手法の変遷

　防波堤の設計は，波力算定法の変遷と密接に関連しています．ケーソン式防波堤のような直立壁に作用する**波力**（wave force）の算定法としては，ギルヤルド（Gaillard）が 1905 年に発表した動水圧公式が最も初期の算定式のようです．その後，日本の港湾工学の誕生に大きく貢献した広井勇が，波圧を波高に直接結び付けた公式（1919 年）を提示しました．この公式は広井公式（または廣井公式）とよばれ，直立壁前面に一様な波圧分布が作用すると仮定した以下に示す簡便な式で与えられるため，広く港湾に関連する技術者に支持され，1973 年に**合田の波圧算定式**（Goda's wave pressure formula）が発表されるまでの長い間，日本の防波堤の設計に広く用いられました．

$$p = 1.5\omega_0 H \tag{4.1}$$

ここで，p：波圧，ω_0：海水の単位体積重量，H：波高です．なお，広井勇は表 4.1 の小樽港北防波堤の建設を指導したことで有名ですが，その当時は波力の正確な推定を行わずに設計が行われており，この状況を憂えて推定式を提案しています[15]．

　高度経済成長に伴い，船舶の大型化や海域利用の拡大が進み，防波堤が徐々に水深の深い地点に設置されるようになってきました．この結果，砕波領域と非砕波領域において適用する波圧公式を区別してきた従来の方法では，たとえば防波堤が岸から沖に向かって建設していく場合，その途中で適用する公式が切り替わることになり，防波堤の設計断面が急に変化するような状況が発生し，技術者を悩ませることになりました．また，従来の波圧算定のもう一つの問題は，設計波に採用する波群中の波高に

関する問題でした．すなわち，不規則な波のうちのどのような波高を設計に使用する
かという問題です．広井公式においては**有義波高**（significant wave height）（▶ 1.5 項
参照）が設計波として使用されていましたが，その根拠は必ずしも明確ではなかったよ
うです．

　このような問題点の解決は，最初に伊藤ら[12]によって試みられました．伊藤らは，
非砕波領域と砕波領域を連続させた波圧算定法を提案し，波高として最高波高 $H_{\max}$
を使用することを提案しました．このような伊藤らの取り組みをさらに発展させて，
今日，港湾や漁港の技術基準を始め国内外の直立防波堤の設計で標準的に使用されて
いる波圧算定式が合田[16]により発表されました．系統立てて実施された実験データを
基にして，実用的な手順で非砕波領域から砕波領域に至るあらゆる水深に設置された
混成堤に作用する波圧を精度よく得ることができる点が特徴です．以下では，その合
田の波圧算定式[10]（以下合田式）の概要を説明します．

4.5.2　合田式による波圧算定

　合田式では図 4.6 に示す波圧分布を想定します．実際の波では，波の山でケーソン
を押す方向に，波の谷で引く方向に波力が作用し，その間は波力が周期的に変化しま
す．しかし，水深が非常に深い場所以外，通常の防波堤設計で重要なのは押し波時の
波力であるため，この算定式は波が山のときの波圧分布のみを評価しています．また，
そのときのケーソンの底面を下から押し上げる**揚圧力**（uplift pressure）の分布につ
いても評価しています．これはケーソンを支える**捨石基礎**（rubble foundation）には
40%ほどの間隙があり，そこから波が伝わるためです．以下に示す各算定式は，**重複
波**（standing wave）から**砕波**（breaking wave），そして砕波後の波まで系統的に行っ
た波圧実験の結果に基づき提案されています．

　まず，波圧の作用高 η^* は次式のように表されます．

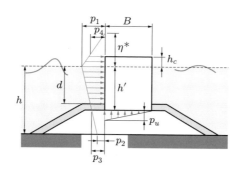

図 4.6　ケーソン式防波堤の設計断面

$$\eta^* = 0.75(1 + \cos\beta)\lambda_1 H_{\max} \tag{4.2}$$

λ_1 はブロック等による消波対策がなされている場合の低減係数で，標準の防波堤では，$\lambda_1 = 1$ となります．また，$H_{\max}$ は波群の中の最大の波高のことで，砕波帯より沖側，つまり波が砕けない場所では有義波高 $H_{1/3}$ と関係づけて，$H_{\max} = 1.8H_{1/3}$ で推定することができます．β は防波堤に直角な方向と波の向きの間の角度で，$\beta = 0$ が防波堤に対して波が直角に入射する場合です．高波浪時には波が防波堤を乗り越えることもあります（越波）．その場合，波圧の作用高 η^* は静水面上の防波堤高さ h_c よりも高くなります．

防波堤地点における $H_{\max}$ は，次の推定式より求めることができます．

$$H_{\max} = \begin{cases} 1.8K_s H_0' & (h/L_0 \geq 0.2 \text{ のとき}) \\ \min\{(\beta_0^* H_0' + \beta_1^* h),\ \beta_{\max}^* H_0',\ 1.8K_s H_0'\} & (h/L_0 < 0.2 \text{ のとき}) \end{cases} \tag{4.3}$$

ここで，K_s は式 (1.63) の浅水係数，L_0 と H_0' は水深が深い沖地点での波長と有義波高です．H_0' は**換算沖波波高** (equivalent deepwater wave height) とよばれる実用的な記述方法で，沖地点における有義波高 $H_{1/3}$ という意味で添え字にゼロを示し，$'$ は屈折と回折の影響があらかじめ考慮されているという意味を表しています．各係数は以下のように求められます[17]．

$$\beta_0^* = 0.052 \left(\frac{H_0'}{L_0}\right)^{-0.38} \exp\{20(\tan\theta)^{1.5}\} \tag{4.4}$$

$$\beta_1^* = 0.63 \exp(3.8 \tan\theta) \tag{4.5}$$

$$\beta_{\max}^* = \max\left\{1.65,\ 0.53\left(\frac{H_0'}{L_0}\right)^{-0.29} \exp(2.4\tan\theta)\right\} \tag{4.6}$$

$\tan\theta$ は海底勾配です（たとえば 1/50 の勾配ならば 0.02）．最大波高 $H_{\max}$ を基に，図 4.6 に示されている各波圧を以下のように求めることができます．

$$p_1 = 0.5(1 + \cos\beta)(\alpha_1\lambda_1 + \alpha_2\cos^2\beta)\rho g H_{\max} \tag{4.7}$$

$$p_2 = \frac{p_1}{\cosh(2\pi h/L)} \tag{4.8}$$

$$p_3 = \alpha_3 p_1 \tag{4.9}$$

$$p_u = 0.5(1 + \cos\beta)\alpha_1\alpha_3\rho g H_{\max} \tag{4.10}$$

ここで，

$$\alpha_1 = 0.6 + 0.5\left\{\frac{4\pi h/L}{\sinh(4\pi h/L)}\right\}^2 \tag{4.11}$$

$$\alpha_2 = \min \left\{ \frac{h_b - d}{3h_b} \left(\frac{H_{\max}}{d} \right)^2, \frac{2d}{H_{\max}} \right\} \tag{4.12}$$

$$\alpha_3 = 1 - \frac{h'}{h} \left\{ 1 - \frac{1}{\cosh(2\pi h/L)} \right\} \tag{4.13}$$

です．d は被覆石や被覆ブロック（armoring block）上の水深で，**捨石基礎**（rubble foundation）の被覆がなされていなければ，ケーソン底面から静水面までの高さ h' と同じです．h_b は防波堤壁面における $H_{1/3}$ の 5 倍だけ離れた沖側地点の水深を使います．この水深は設置水深 h より若干大きな水深となりますが，波力の最大値が波の砕け始めではなく，砕波がある程度進行して波を巻き込んだ状態で発生することを考慮しています．

α_1 は周期の長い波ほど波圧が大きい特性を表し，α_2 は同じ水深でも捨石層が厚くなるにつれて波圧が増大する特性を表しています．また，α_3 は圧力 p_1 と p_2 の勾配を示しています．なお，p_1 から p_2 までの波圧分布は，理論的には $\cosh\{2\pi(h+z)/L\}$ の関数形に従って防波堤側にくぼむ形状となりますが，図 4.6 においてはこの間を直線で結んでいます．同様に，ケーソン底面に生じる揚圧力も沖側の端部で p_u，陸側の端部で 0 となる三角形分布を仮定しています．このように，これらの係数は，波高水深比や水深波長比による波圧変化を考慮して，全体としてやや安全側に設定されています．

以上より，波圧の合力 P および揚圧力の合力 U は，次式で算定することができます．

$$P = 0.5(p_1 + p_3)h' + 0.5(p_1 + p_4)h_c^* \tag{4.14}$$

$$U = 0.5p_u B \tag{4.15}$$

ここで，

$$p_4 = \begin{cases} p_1 \left(1 - \dfrac{h_c}{\eta^*} \right) & (\eta^* > h_c \text{のとき}) \\ 0 & (\eta^* \leq h_c \text{のとき}) \end{cases} \tag{4.16}$$

$$h_c^* = \min\{\eta^*, h_c\} \tag{4.17}$$

です．捨石基礎の形状によっては，通常の**砕波圧**（breaking wave pressure）よりもはるかに大きい**衝撃砕波圧**（impulsive breaking wave pressure）が作用する場合があります[18]．図 4.7 に，衝撃波力係数 α_i と合田式の係数 α_2 の比を，様々な波形勾配に対して計算した結果を示します[19]．捨石基礎上の水深が浅く，また波形勾配が小さいほど衝撃波力の影響が顕著に現れてくることがわかります．条件によっては，合田式で求められる波圧よりも数倍の波圧が瞬間的に作用する場合があります．ただし，

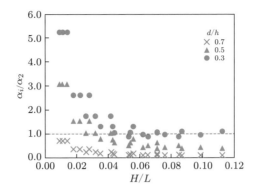

図 4.7 防波堤水深と波形勾配の変化に伴う衝撃波力係数の変化

このような強烈な波圧に耐えるように防波堤断面を設計するのは非経済的であるので,衝撃砕波圧が発生しないように捨石基礎やケーソンの配置を工夫することが推奨されています.

例題 4.1 $H_{\max} = 5\,\mathrm{m}$ の波が防波堤に直角に作用するときの波の作用高を計算しなさい.さらに,消波ブロックを設置して低減係数を $\lambda_1 = 0.8$ としたときの作用高がいくつになるか求めなさい.

解答 式 (4.2) より,作用高 $\eta^* = 0.75 \times (1 + \cos 0°) \times 1 \times 5 = 7.5\,\mathrm{m}$ となります.消波ブロックを設置すると,$7.5 \times 0.8 = 6\,\mathrm{m}$ となります.

4.5.3 ケーソンの被災形態と耐波安定性

ケーソン式防波堤の被災事例調査[20] によると,高波による被災形態は,**滑動**（sliding）による防波堤の移動が最も多く,次いで基礎捨石の支持力破壊に伴う**傾斜**（tilting）や**転倒**（overturning）が多くなっています（図 4.8）.このうち傾斜や転倒は,防波堤が深い場所に設置された場合や,ケーソンが縦長形状の場合でとくに多く発生していま

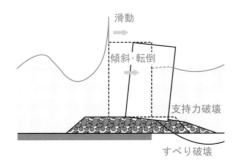

図 4.8 ケーソン式防波堤の被災パターン

す[21].傾斜や転倒は,波浪によるケーソンを押し倒す方向に生じる回転モーメントと自重による抵抗モーメントの比較のほか,基礎捨石やその直下の海底地盤の剛性なども考慮する必要があり,検討の手順は複雑になります.

一方,滑動の場合は,ケーソンの並進方向の 1 次元的な運動を考えればよいので,比較的単純に取り扱うことができます.ある高波に対してケーソンが滑動するかしないかは,次の**滑動安全率**(safety factor for sliding)F_s により検証できます.

$$F_s = \frac{\mu(W - U)}{P} \tag{4.18}$$

ここで,μ はケーソンと捨石基礎の間の**摩擦係数**(friction coefficient)で,0.6〜0.7 程度の値です.また,W:ケーソンの水中重量,P:水平方向の波力,U:鉛直方向の波力です.F_s が 1 以上では,波力よりも抵抗力が大きいためケーソンが滑動しないことになります.ただし,実際の設計では不確定な要素が多いため,ぎりぎりの安全率ではなく,$F_s = 1.2$ 以上に設定する場合が多くなっています.これは,想定する最大波クラスの波力と摩擦等の抵抗のつり合い状態に対して,抵抗側にある程度の余裕代を見込んで設計断面を決める,いわゆる**許容応力度設計法**(allowable stress design method)という概念になります.

これに対して,近年では国際標準化機構(ISO)を中心とする世界的な標準化の流れを受けて,**信頼性設計法**(reliability design method)とよばれる構造物照査方法の導入が,港の施設の設計においても進められています.この設計法は,作用,抵抗,あるいは設計手法に関連する不確定性を確率的に考慮できるため,許容応力度設計法よりも高度に合理的な設計が可能となります.一方で,設計が複雑化,ブラックボックス化する弊害もあるため,今後の防波堤の設計では,波力など主要な外力や防波堤の抵抗力を,技術者がより正しく理解する努力が求められます.信頼性設計法の全般的な理論については,星谷と石井[22] が詳しく解説しています.また,防波堤の信頼性設計法や性能設計については,合田[10] が理論を総説しています.

例題 4.2　防波堤の幅 B と水面上の高さ h_c が一定の場合,水深が深くなるにつれて,防波堤の滑動安全率は一般的にどのような傾向を示すか考えなさい.

解答　水深が深くなるにつれて,防波堤の重量が大きくなる一方,浮力は大きくなっていきます.また,波力は水深が浅い場所では砕波により制限されますが,深い場所では砕けない状態で大きな波力が作用することになります.おのおののバランスで滑動安全率は様々に変化するため,詳細な条件に基づいた設計が必要ですが,一般的には,水深が深くなるにつれて滑動安全率は低下していきます.しかし,ある程度深くなると下げ止まる傾向を示します.

4.5.4　既設防波堤の滑動安定性の例題

　図 4.9 に，港湾施設の建設年度別の施設数を示します．第二次世界大戦後に港の建設が各地で始まり，1960 年ごろから急激に増え，1980 年ごろにピークを迎えています．施設整備は 1990 年代に入ってからも活発に行われていますが，2000 年代に入ると急激に減少に転じています．インフラ整備に関して成熟しつつある日本の状況を克明に表しており，これを見る限り，まったく新しい立地の港の整備は今後あまり行われないものと予想されます．

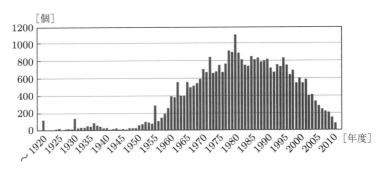

図 4.9　主要な港湾施設の建設年度別の施設数（出典：国土交通省）

　一方，初期の港はすでに建設から 60 年以上が経過しており，今後急激に老朽化が進行していくことが避けられません．また，地球温暖化や気候変動による環境変化は，港を取り巻く海象条件に悪影響を及ぼすものと考えられます．たとえば，台風の強大化により風速が 10%増加すると，20%程度の波高増加が生じて，海面上昇の影響も加えると，防波堤の滑動量が将来 3 倍以上になるという試算もあります[23]．また，数十年前の海象条件で設計波浪を決めた防波堤を現在の海象条件で設計し直すと，安定計算の結果が変わってしまうことも十分にありえます．このような時代の変化を捉えると，これからの港の技術者には，いまある施設を将来にわたり維持するための設計技術が求められます．

　ここでは，ある港で高波により防波堤が滑動した実例を取り上げて，合田式を使って被災時のケーソン防波堤の滑動安全率を推定してみましょう．防波堤の断面諸元を図 4.10 に示します．波圧の算定に使用する水深や天端高，ケーソン幅は，図 4.6 において以下のように設定します．

$$h = 15\,\text{m}, \quad h' = 12\,\text{m}, \quad d = 10.5\,\text{m}, \quad h_c = 3.5\,\text{m}, \quad B = 18.5\,\text{m}$$

被災時の海象や地形は，以下の条件とします．

　　沖波：　$H_0' = 10\,\text{m}, \quad T_{1/3} = 13\,\text{s}, \quad \beta = 0$

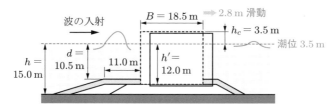

図 4.10　高波による防波堤の被災事例

潮位：　$+3.5\,\text{m}$

海底勾配：　$\tan\theta = 0.01$

海水の密度は $1025\,\text{kg/m}^3$ 程度ですが，ここでは $1000\,\text{kg/m}^3$ とします．また，コンクリート上部工と中詰砂を合わせた平均的なケーソンの密度を $2100\,\text{kg/m}^3$ とします．簡単かつ安全側の検討のため，防波堤地点ではなく，深海での波高 H_0' を使って，h_b は $5H_0'$ 沖側の水深 $h_b = 15 + 0.01 \times 5 \times 10 = 15.5\,\text{m}$ に設定します．また，摩擦係数 $\mu = 0.6$ と仮定します．

　沖波の波長 L_0 は深海波の式 (1.26) より，$L_0 = 1.56T^2 = 263.6\,\text{m}$ と推定でき，水深 $15\,\text{m}$ に到達すると，波長 $L = 148.3\,\text{m}$ になります（▶ 付録 B.4 節参照）．$H_0'/L_0 = 0.038, h/L_0 = 0.057$ であり，水深 h_b における最高波高は，

$$H_{\max} = \min \begin{cases} \beta_0^* H_0' + \beta_1^* h = 12.0\,\text{m} \\ \beta_{\max}^* H_0' = 1.65 H_0' = 16.5\,\text{m} \\ 1.8 K_s H_0' = 18.0\,\text{m}\ (\text{ただし，}\ K_s = 1.0) \end{cases}$$

より，$H_{\max} = 12\,\text{m}$ と計算されます．砕波の影響がない場合，$H_{\max} = 1.8 K_s H_0' = 18\,\text{m}$ と計算されるため，防波堤位置の砕波により最高波高がかなり低減していることがわかります．なお，浅水係数 K_s は式 (1.63) を参考にして求めると，1.0 となり，浅水変形は生じない条件になります．

　波圧に関する係数は，式 (4.11)〜(4.13) より，以下のように計算できます．

$$\alpha_1 = 0.90$$

$$\alpha_2 = \min\{0.14, 1.75\} = 0.14$$

$$\alpha_3 = 0.86$$

波圧の作用高は，$\eta^* = 0.75(1 + \cos\beta)H_{\max} = 18\,\text{m}$ と計算されますが，実際のケーソン天端は潮位上 $3.5\,\text{m}$ しか突き出ていないため，それよりもはるかに高い位置に到達する波の影響が反映されることになります．各位置の波圧の計算結果は以下のとおりです．

$$p_1 = 122.4\,\mathrm{kN/m^2}$$
$$p_2 = 101.3\,\mathrm{kN/m^2}$$
$$p_3 = 105.3\,\mathrm{kN/m^2}$$
$$p_u = 91.1\,\mathrm{kN/m^2}$$

波圧の合力（波力）P，揚圧力の合力 U およびケーソンの水中重量 W は，次のように求められます．

$$P = 0.5(122.4 + 105.3)12 + 0.5(122.4 + 98.6)3.5 = 1753\,\mathrm{kN/m}$$
$$U = 0.5 \times 91.1 \times 18.5 = 842.7\,\mathrm{kN/m}$$
$$W = 9.8 \times 2.1 \times (15.5 \times 18.5) - 9.8 \times 1.0 \times (12 \times 18.5) = 3730\,\mathrm{kN/m}$$

以上より，滑動安全率は以下のように求められます．

$$F_\mathrm{s} = \frac{\mu(W-U)}{P} = \frac{0.6 \times (3730 - 842.7)}{1753} = 0.99$$

このように安全率は 1.0 をわずかに下回っています．従来，波圧に対する滑動安全率は 1.2 以上になるように防波堤の断面を設計することが一般的でした．したがって，この例の防波堤もその当時の設計上の許容安全率が 1.2 であったとすれば，計算安全率 0.99 はその基準を大きく下回っていることになり，高波によって滑動が生じたことの説明がつきます．

図 4.10 の防波堤は高波で大きく滑動していますが，基礎から滑落するまでには至らなかったため，消波ブロックを設置し補強することで現在も使われています．なお，**消波ブロック**（energy-dissipating block）で被覆されたケーソンにおける波圧 p_1 や作用高 η^* は，以下のような補正式[24]を用いて算定できます．

$$\lambda_1 = \begin{cases} 1.0 & \left(\dfrac{H_\mathrm{max}}{h} \leq 0.3 \text{ のとき} \right) \\[2mm] 1.2 - \dfrac{2}{3}\dfrac{H_\mathrm{max}}{h} & \left(0.3 < \dfrac{H_\mathrm{max}}{h} \leq 0.6 \text{ のとき} \right) \\[2mm] 0.8 & \left(\dfrac{H_\mathrm{max}}{h} > 0.6 \text{ のとき} \right) \end{cases} \tag{4.19}$$

今回の例の条件では，図 4.11 のように消波ブロックを配置すると，$\lambda_1 = 0.8$ となります．実際にこの補正値を用いて滑動安全率を計算し直すと，$F_\mathrm{s} > 1.2$ になり，消波ブロックによる補強を行うことで，将来同程度の高波が発生しても滑動を避けられると期待できます．ただし，ここでは考えていない将来の海面上昇を考慮すると，安全率は低下する方向にはたらくため注意が必要です．

図 4.11　消波ブロックで被覆されたケーソン防波堤の例

　なお，この被災事例ではケーソンが 2.8 m ほど滑動していますが，安全率の検討の
みでは滑動量の評価はできません．このような定量的評価のためには，信頼性設計法
を適用して，統計的な期待値である防波堤の**期待滑動量**（expected sliding distance）
を検討する必要があります[25, 26]．

4.5.5　ケーソンの設置，浮遊時の安定性

　完成したケーソンは大型のクレーン船（起重機船）で進水させます．海上を移動す
る際は，ケーソンの隔壁内を空に近い状態にして，図 4.12 のように浮かして現場ま
で曳航したり，船の往来が激しい海域では起重機船で吊り上げた状態で曳航したりす
る場合もあります．また，フローティングドックとよばれる特殊な作業船に積んで運
ぶ場合もあります．所定の場所まで移動した後，海水を注水して据え付けます．その
後，砂を投入し，コンクリートで蓋をして十分な重量を確保して設置します．

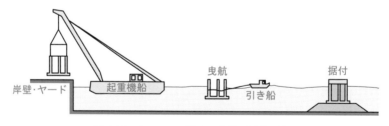

図 4.12　ケーソンの進水，曳航，据付の流れ

　港の工事では，特殊な作業船が数多く登場しますが，起重機船はその代表格です．大
きな起重機船では 4,000 トンもの重量物を吊り上げることが可能で，その巻き上げ高
さは 100 m 近くにもなります．大きな船ほど海上で安定的に作業できますが，それで
も海が時化てくると作業は困難になり，波高が 1 m を超えるような場合には作業が中
止になります．そのため，ケーソンの曳航・据付が波の穏やかな日に当たるかは，工

事の最大の関心事になります．大規模な工事では，波浪推算により，その工程を事前に検討する場合があります．

　ケーソンは船のように浮力で浮きますが，波や風である程度傾いても直立状態に回復するよう慎重に検討する必要があります．ケーソンが静止している状態では，重心G，浮心C，傾心Mはすべて垂直線上にありますが，傾くと図4.13に示すように，この位置関係が変わります．浮遊時のケーソンが安定している状態は次式で判定できます[27]．

$$\frac{I}{V} - \overline{\mathrm{CG}} = \overline{\mathrm{GM}} > 0 \tag{4.20}$$

ここで，V：排水容量，I：断面2次モーメントで，次式より求められます．

$$I = \frac{LB^3}{12} \tag{4.21}$$

ここで，L：ケーソンの長辺の長さ，B：ケーソンの幅です．このとき，長さ $\overline{\mathrm{GM}}$ はケーソンの喫水（没水部の深さ）の5%以上にするのが望ましいとされています．

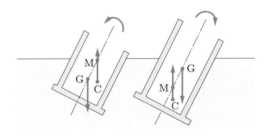

図 4.13　ケーソン浮遊時の安定性

例題 4.3　長さ $L = 10\,\mathrm{m}$，喫水 $4\,\mathrm{m}$ のケーソンを安定的に浮遊させるために必要なケーソン幅 B を求めなさい．ただし，$\overline{\mathrm{CG}} = 1\,\mathrm{m}$ とします．

解答　式 (4.20) の安定条件を，喫水の5%となる $0.2\,\mathrm{m}$ に設定します．排水容量 $V = 10 \times 4 \times B$ より，$(10B^3/12)/40B - 1 > 0.2$ を満たす条件として，幅 $B > 7.6\,\mathrm{m}$ にする必要があります．

Column　構造物の限界を知る

　堤防は人々の安全を守るための大切な構造物です．しかし，堤防のような防災を目的とした構造物は，ある条件を与えて設計・建設することから，高い堤防が強固に作ってあっても，設計値よりも高い波が来て越流が起こると，構造物本体はもとより，構造物背面の基礎などは波に洗われることを想定していないため，構造物が破壊される可能性があります．

　実際に，東日本大震災では，津波の高さが設計の値以下だった場合には堤防は健全に機能して，きちんと街を守れたところが多いのに対し，設計値以上の津波が襲来した地区の堤防は破壊されている事例が多く見受けられました．構造物は防災上必要なもので，設計値以下の波に対しては街を守ることができるはずですが，その一方で，構造物があることで住民が安心してしまうという側面もあります．構造物を作るときは，どの程度の高さの波が来るかという条件の設定など，設計に細心の注意を払わないといけません．また，設計で想定している条件がどのようなものであるかを住民に正しく伝えることも，住民の安全を守っていくうえでとても大切です．

4.6 　捨石防波堤の設計

　ここでは，海外の港でよく見かける捨石防波堤を取り上げます．石やブロックを積み上げて築く方式のため，波に対する安定性の評価方法がケーソン式防波堤とは異なることに注目してください．

4.6.1　捨石防波堤の安定性

　ケーソン式防波堤のような混成堤は日本では標準的な形式ですが，世界的に見れば大型の砕石を積み上げた**捨石防波堤**がより一般的です（図 4.14）．構造がケーソン式よりも簡単なため安価で，建設も比較的容易です．また，高波で損傷が生じても，防波堤全体が一気に崩壊するようなことはなく，ある程度の粘り強さを発揮します．一方で，形状を安定させるために縦横比が 1 : 4/3 よりも緩くなるように法勾配をつける必要があり，水深が深くなるにつれて断面が大きくなり建設費が高くなります．また，おのおのの石が高波に対して独立的に耐える必要があるため，ある程度重量の大きい石を大量に入手する必要があります．日本で捨石防波堤が普及していない理由は，石材資源が乏しく，かつその輸送コストが高いことが理由の一つに挙げられます．当然大きな石ほど大きな波力に耐えますが，すべて大きな石で防波堤を構成してしまう

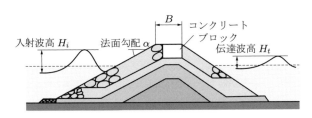

図 4.14　典型的な捨石防波堤の断面

と，石の間隙を通じた波の透過も大きくなってしまいます（波の透過▶次項で説明します）.
そのため表層には大きな石を配置して，内部の層で段階的に小さな石を使うといった
工夫がなされます.

　基本的な設計の考え方も，ケーソン式防波堤とは大きく異なります．ケーソン式防
波堤の設計では作用波圧を詳しく評価しますが，捨石防波堤の設計では波圧が直接的
には評価されません．その代わりに，捨石防波堤や消波ブロックの設計では，4.7 節で
説明する，慣性力と抗力を合成した以下の流体力 F_q に着目しています.

$$F_q = \rho C_q l^2 v^2 \tag{4.22}$$

ここで，ρ：流体の密度，l：代表長さ，v：流体の流速です．また，C_q：流体力に関す
る統合的な係数で，慣性力係数，抗力係数，石の面積や体積の換算係数を合成する役
割を担っています.

　砕波時の水粒子速度 v_b は，波峰から海底までの深さ d_b における長波の波速に一致
すると考えます.

$$v_b = \sqrt{gd_b} \tag{4.23}$$

また，砕波時の波高 H_b と水深 d_b の間には，一般的に $H_b = \gamma d_b$ の関係が成立します.
γ は波形勾配（＝ 波高 ÷ 波長）に関する定数です．これにより，次式のように流速の
代わりに波高で流体力を計算できることになり，実務的に扱いやすくなります.

$$F_q = \frac{1}{\gamma} \rho g C_q l^2 H_b \tag{4.24}$$

　一方，周囲の石からの摩擦力を無視して，$k_v l^3$ を石の体積とすると，この流体力に
抵抗する最大の力は次式の石 1 個の水中重量 W' になります.

$$W' = k_v l^3 (\rho_r - \rho) g \tag{4.25}$$

ここで，ρ_r：石の密度です.

　以上より，石が浮き上がる限界を式 (4.24) と式 (4.25) のつり合いで表すことができ
ます.

$$\frac{1}{\gamma} \rho C_q H_b = k_v l (\rho_r - \rho) \tag{4.26}$$

空気中における石の重量 W は，$W = k_v \rho_r g l^3$ であるため，代表長さ l を重量で表し
て，以下のような一般的なつり合い式に書き改めることができます.

$$\frac{\rho_r g H_b^3}{(\rho_r/\rho - 1)^3 W} = f \tag{4.27}$$

f は慣性力係数や抗力係数に加えて，捨石防波堤の表面勾配や波浪条件，石の形状な

ど様々な物理変数を含む定数です．ハドソン[28]は，造波水理実験によりこの関係を調べて，捨石やブロックの必要重量 W としてハドソン式（Hudson formula）とよばれる次式を導きました．

$$W = \frac{\rho_r g H^3}{K_D (\rho_r/\rho - 1)^3 \cot \alpha} \tag{4.28}$$

表面勾配 α は水平から測った角度で，$\cot \alpha$ が垂直に対する水平の長さの比になります．したがって，たとえば縦：横 $= 1 : 4/3$ の勾配であれば $\cot \alpha = 4/3$ になります．K_D は安定係数（stability coefficient）とよばれる無次元定数で，捨石や消波ブロックの形状や実験における被害率を考慮して決められます．たとえば，砕波か非砕波か，砕石に関しては，丸みを帯びているか角張っているか，層の数や配置の方法によって異なり，$K_D = 1.2 \sim 7$ 程度の値が推奨されています[29]．また，消波工に使われる人工的なブロックはかみ合わせを高めて安定性を向上させているため，K_D の値は砕石よりも大きな値となります．ただし，K_D は実験値のため変動性が大きいなど問題点も指摘されており，設置予定地の地形条件や波浪の不規則性を反映した詳細な水理実験を行い，安定係数を決定することも推奨されています．なお，K_D では波の周期や作用回数の違いなどを重量に直接反映することはできませんが，ファンデルメーア（Van der Meer）はこの点を改良した安定係数を提案しており，コンクリートブロックや異形ブロックの設計によく使われています[30]．

> **例題 4.4** ブロックは安定係数が小さいほうが望ましいか，それとも大きいほうが望ましいかを考察しなさい．
>
> **解答** 式 (4.28) より安定係数が大きいと必要重量は小さくなります．すなわち，小さい重量で安定させることができるため，経済的な観点から望ましいといえます．

4.6.2 捨石防波堤の波浪伝達

4.6.1 項で述べたように，捨石防波堤は積み上げた砕石の間に間隙があるため波浪の伝達が生じます．さらに低天端の場合や天端が水面以下の場合，防波堤を乗り越えても伝わります．前者を透過波，後者を越波（wave overtopping）とよび，両者を足し合わせた波を伝達波（transmitted waves）とよびます．とくに，プレジャーボートや漁船など小型船舶の場合，港内で係留や陸揚げしていても，港内にまで伝わる波浪による転覆や浸水の事故がしばしば発生しています．たとえば，超大型で全国的に猛威を振るった台風 21 号（2017 年）では，全国で少なくとも 28 隻の小型船舶が，係留中でありながら港内で転覆（capsizing）しています（海上保安庁調べ）．一方，港湾に接岸するような船は比較的大きく，転覆の危険性は低いといえますが，波が立っている

状況では荷役作業に支障をきたします. 500〜50,000 総トンの中・大型船舶では, 有義波高 0.5 m 程度が荷役限界波高とされています[24]. したがって, 港を守る防波堤では, この伝達波を可能な限り小さくすることが求められます.

捨石基礎を透過する際に, 波のエネルギー損失が生じますが, この損失 i は次の平均流速 $\bar{u}$ に関する動水勾配として定式化できます[31].

$$i = a\bar{u} + b\bar{u}|\bar{u}| + c\frac{\partial \bar{u}}{\partial t} \tag{4.29}$$

ここで, a, b, c は実験および理論から求められる係数で, 右辺第 1 項は層流状態のエネルギー損失, 第 2 項はレイノルズ数が大きい乱流状態の損失を意味しています. また, 第 3 項は波動による水粒子の加速がもたらす損失を表しています. このため, 周期が短い波ほど防波堤伝達時の損失度合いが大きくなります. 一般的に定数 a, b は, 粒体の径が小さく, かつ**間隙率**（porosity）が小さいほど, 波の減衰を大きくする方向にはたらきます. 定数 c では, 間隙率が小さく, 慣性力係数が大きいほど波が減衰します. したがって, 小さな粒径の砕石を, 隙間ができる限り小さくなるように配置すると透過波の軽減には有効です. ただし, 先に述べたように, 表層に配置する砕石やブロックは十分に大きく, 波の作用に対して安定している必要があります.

上式が示すように, 捨石防波堤を透過する波の現象は複雑なため, その具体的な算定には水理模型実験の結果が使われています. 図 4.15 は, 規則波を対象とした実験の結果より, 捨石防波堤の波高伝達率を算定図としてまとめた結果です[32]. 天端の高さ h_c は捨石が水面上に突き出た形式のほか, 水面下に没水した条件にも対応しています. 後者の構造は, **潜堤**（submerged breakwater）あるいは幅広のものは**人工リーフ**（artificial reef[†]）とよばれています. 沖波の波長 L_0 に対して天端幅 B が狭いほど伝達率が大きくなりますが, その傾向は没水条件のほうが顕著です. これは, 天端を乗

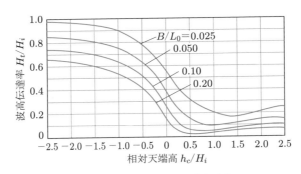

図 4.15 捨石防波堤の波高伝達率

---

† この英語名は日本の海岸工学分野でよく使われていますが, 一般的には人工漁礁のことを意味します.

り越える越波による伝達が大きくなるためで，潜堤や人工リーフの場合，相当に幅広な形状にしないと十分な減衰が期待できないことがわかります．

　また，波の不規則性を考慮した実用式もいくつか提案されています．次式は Rock Manual[33] という石材の水工学への利用に関するガイドラインに示されている透過率 K_t の算定式です．

$$B/H_s < 10 \text{ の場合：} \quad K_t = -0.4\frac{h_c}{H_s} + 0.64\left(\frac{B}{H_s}\right)^{-0.31}\{1 - \exp(-0.5\xi)\}$$
$$(4.30)$$

$$B/H_s > 10 \text{ の場合：} \quad K_t = -0.35\frac{h_c}{H_s} + 0.51\left(\frac{B}{H_s}\right)^{-0.65}\{1 - \exp(-0.41\xi)\}$$
$$(4.31)$$

ただし，K_t の最小値は 0.05 に設定されています．入射波の有義波高 H_s，天端高 h_c，天端幅 B のほか，サーフシミラリティ・パラメータや砕波パラメータとよばれる，波の砕け方に関する次式で表される無次元数 ξ が式中に含まれています．なお，Rock Manual はヨーロッパの設計基準で有義波高として H_s を使っていますが，日本で慣用的に使われる $H_{1/3}$ とほぼ同一と考えてかまいません．

$$\xi = \frac{1}{\sqrt{H/L_0}\cot\alpha} \tag{4.32}$$

ここで，α：図 4.14 に示した法面勾配，H：防波堤位置での波高，L_0：深海での波長（$= gT^2/2\pi$）です．

例題 4.5　同じ形状の捨石防波堤では，周期が短い波と長い波のどちらが伝わりやすいか，答えなさい．

解答　図 4.15 より，周期が長いほど B/L_0 は小さくなり，波高伝達率は大きくなることがわかります．式 (1.33)，(1.34) より，周期が長くなると，水粒子の流速は小さくなります．このため，式 (4.29) で表される波のエネルギー損失が小さくなり，波は伝わりやすくなります．

4.7　桟橋に作用する波力

　次に，防波堤と並んで重要な港の施設である，**桟橋**（jetty）を取り上げます．鋼管杭で支えられた桟橋に作用する波力は，円柱（鋼管）周りに作用する流体力の問題になります．円柱には二つの力がはたらきます．一つ目の力は，**慣性力**（inertial force）とよばれる力で，これは流体が円柱の周囲を回り込んで流れるために生じる力です．

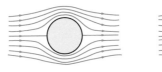
（a）完全流体

（b）粘性流体

図 4.16　理想的な流れ（完全流体）と実際の流れ（粘性流体）

図 4.16(a) のように，流線が円柱を避けて流れるために加速度の変化が生じて，その反作用として円柱に力がかかります．ポテンシャル理論では，このように風上と風下で対称的な流れについて解析することができます．しかし，実際の流体には粘性がはたらいているため，図 (b) のように，流れの剥離や渦励振が発生し，さらにその背後で渦が発生します．このため円柱背後で乱れに伴う力が発生し，これが二つ目の力で**抗力**（drag force）とよばれます．モリソンらは，海洋プラットフォームなどに作用する波力を求める目的で，これら二つを足し合わせて流体力を算定する方法を提案しました[34]．この式は**モリソン式**（Morison equation）とよばれています．

流体力 dF = 慣性力 dF_I + 抗力 dF_D

$$= \rho C_M \left(\frac{\pi}{4}D^2\right)\frac{\partial u}{\partial t}dz + \frac{1}{2}\rho C_D Du|u|dz \tag{4.33}$$

ここで，C_M：**慣性力係数**（inertia coefficient，または質量係数），C_D：**抗力係数**（drag coefficient），ρ：流体の密度，u：流速，D：円柱の直径です．ただし，流速 u は構造物がない状態での構造物位置における流速です．慣性力係数は単純な形状であればポテンシャル理論で求めることができ，円柱の場合は $C_M = 2.0$ です（ほかの形状については，水理公式集などに詳しく紹介されています）．一方，抗力係数は理論では求まらず，実験より求めることになります．抗力は粘性と渦のために生じるため，形状に加えてレイノルズ数にも関係します．

モリソン式は流速を基に流体力を計算しますが，海の構造物の場合は波高を使って波力が評価できると便利です．図 4.17 の算定図より求められる係数 K_D は，波浪条件や水深を考慮した実験係数です．また，微小振幅波理論の流速より，慣性力の補正係数 K_M は図 4.18 のように求められます．これらの係数を以下の式に代入することで，波浪に対する抗力と慣性力のおのおのの最大値を求めることができます．杭に作用するモーメントは，モーメントの腕の長さ S_D を乗じることで求められます[35]．

$$F_{D\max} = \rho g C_D DH^2 K_D \tag{4.34}$$

$$F_{M\max} = \rho g C_M D^2 H K_M \tag{4.35}$$

砕波により波高 H の上限が制限されるため，抗力の補正係数 K_D には上限がありま

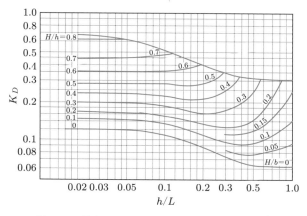

図 4.17　抗力の波浪条件に対する補正係数 K_D[35]

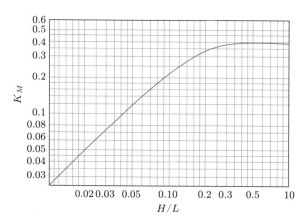

図 4.18　慣性力の波浪条件に対する補正係数 K_M[35]

す．水深波長比が小さいときには，K_D の最大値はおおよそ 0.7 です．また，慣性力の補正係数 K_M は 0.4 が上限値になっています．したがって，波の周期が不明なケースでは，これらの数値を仮定することで安全側の設計になります．

Column　数値流体解析を活用した構造物の設計

　本章で詳しく述べたように，防波堤の設計手法はその大部分が確立されたといってもよいでしょう．そしてその根幹をなすのが理論と水理模型実験でした．しかし，最近では第 3 の道具である数値流体モデルを活用した設計が注目を集めつつあります．コンピュータを使った解析自体は何も目新しいものではありませんが，コンピュータの高精度化に加えて，高度なモデルがオープンソース（プログラムの公開）で提供される状況が流れを変えつつあります．ひと昔前であれば，高価な商用ソフトを購入するか，企業や大学の研究室で代々受け継がれて開発が進められてきたモデルを使うしかなかったも

のが，いまや誰でも無償で，OpenFOAM のような最先端で，かつ全世界的に活用が進んでいる解析モデルに触れることができます．高度なモデルになればなるほど，その中身がブラックボックス化するため，取り扱いには慎重を要することはいうまでもありません．しかし，それを補って余りあるメリットがあります．モデルの精度検証はユーザー側の責任として，それぞれの目的に応じて行うべきでしょう．幸いにして，防波堤など海岸構造物については，過去に多くの実験が行われ，研究論文として発表されているので，解析モデルの検証をお金をかけずに行うことができます．また，そのような比較を行うことで，設計公式を当てはめて計算する場合には表に出てこないような物理現象を正面から考えるきっかけにもなります．技術的な選択の幅を広げる意味でも，これからを担う技術者の人にはこのようなオープンモデルの研究や業務への活用にぜひチャレンジしてもらいたいと思います．

演習問題

4.1 4.5.4 項の例では，消波ブロックを設置することで滑動安全率 > 1.2 を満足しました．その他の対策として，防波堤を嵩上げすることで重量を増やし，安全率を高める方法もあります．この場合，+7 m の天端高をさらにどの程度まで高くすればよいでしょうか．

4.2 海底勾配が 1/50 の海岸の水深 5 m 地点に鋼管杭 ($D = 0.6\,\mathrm{m}$) が設置されており，この杭に波長 $L_0 = 250\,\mathrm{m}$ の波が作用している状況を考えます．最大クラスの波高に対して，杭が受ける抗力と慣性力を計算しなさい．

4.3 法面勾配 1 : 2（縦：横）の捨石護岸を建設する場合，設計波高を 2.3 m とすると，1 個何トン以上の石を設置する必要がありますか．ただし，安定係数 $K_D = 2.0$ とします．

4.4 荒天時に $H = 5\,\mathrm{m}$，$T = 10\,\mathrm{s}$ の波が発生する海岸に捨石防波堤による港を建設したい場合，港内の波高を 1 m 以下に抑えるための防波堤断面を検討しなさい．

沿岸域の環境と保全

　沿岸域の環境は，地形的特徴や大気・海洋物理的特徴，人間活動による影響を受けます．とりわけ，東京湾や瀬戸内海などの閉鎖性海域では，その特徴的な地形ゆえに環境外力の変化に伴って，水質や生態系が変化します．本章では，最初に閉鎖性水域の解説を行います．次に，閉鎖性水域を含めた沿岸域の生態に関する解説を行います．さらに地球温暖化による沿岸域への影響に関する議論が近年になって活発に行われていますので，温暖化による沿岸域の環境や災害の変化についても解説します．

5.1　閉鎖性海域

　閉鎖性海域（semi-enclosed sea）とは，内海・内湾などの周囲が陸地で囲まれており，外洋との海水の交換が比較的行われにくい海域のことを指します．この海域は，多種多様な生物に生息環境を与えています．さらに，波浪が比較的小さいため漁港の建設がなされるなど，人間の社会的・経済的活動にも重要な海域です．本節では，国内に数多くある閉鎖性海域の海域の中でも，規模が大きく日本の経済活動に重要な三大湾である東京湾と伊勢湾，大阪湾の事例を用いて解説します．

5.1.1　地形的特徴

　日本の閉鎖性海域で代表的な東京湾は，海上・航空貿易の起点として重要な海域で，江戸時代以前より埋め立て地が建設されています．また，20世紀初頭からは多くの**埋立事業**による継続的な埋め立てによって，東京湾海岸線や海底地形が大きく，かつつねに変化しています．

　三大湾では，人為的な改変，とくに埋め立てが行われてきました．東京湾の埋め立て地は，図5.1のように高度成長期以前（～1960年），高度成長期中に建設が行われた場所（1960年～1990年），それ以降に建設された，または工事が進行中の場所（1990年現在）の三つに分類できます．このように，閉鎖性海域は，人間による埋め立ての影響を，異なる年代を経て受けてきました．東京湾の埋め立ては，東京周辺域で発生した廃棄物をおもに用いて行われています．

　また，東京湾周辺域では地盤沈下も発生しています．これは，生活用水や工業用水

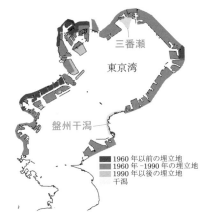

図 5.1 東京湾の埋め立て地のおおよその場所と期間[1]

に用いるために，20世紀の初頭から環境確保条例が制定される平成13年くらいまで地下水のくみ上げが行われ続けた結果です．東京湾の周辺には，4〜5mの地盤沈下が計測されている場所もあります．

　閉鎖性海域の河口付近には，**干潟**が発達することがあります．干潟は天文潮位の差が比較的大きい場所において，河口から流出される土砂が堆積することで発達すると考えられていますので，閉鎖性海域でよく見られます．たとえば，千葉県木更津市周辺には，ノリの養殖が行われて，アサリ・ハマグリが多く生息している盤洲干潟が広がっています．また，東京湾の江戸川の河口域には，三番瀬が存在します．このような閉鎖性水域における干潟は，沿岸域に生息する多くの生物に最適な居住環境を提供しています．

5.1.2 海洋物理場の特徴

　次に，閉鎖性海域の海洋物理場について，大阪湾の例を用いて解説します（図5.2）．閉鎖性海域は，その多くが浅海域であるため，高潮災害の発生が懸念されています．実際に，大阪湾では2018年台風21号によって高潮浸水被害が発生しました．

　他方で，短い吹走距離であるため，風による波浪は高くなりにくいと考えられます．したがって，有義波高は外洋と比較すると小さくなるという特徴を持っています．大阪湾上を通過した台風21号の事例では，うねりは外洋と接続している紀淡海峡から侵入しました[2]．

　さらに，海峡においては，天文潮汐の影響すなわち時間的に変化する水位の差の増大によって流速が増加します．大阪湾では，瀬戸内海に接続している明石海峡と，紀淡海峡と接続している友ヶ島水道では高流速場が形成されます．また，これらの海峡

図 5.2　大阪湾の海洋物理場の概要

では海底地形が急峻になっています.

　一方で，閉鎖性海域は海水を通して外洋に熱を逃がす経路が少ないため，大気の熱環境の影響をとくに受けやすい海域です.　また，東京都心や大阪府などは人間活動の結果として，ヒートアイランド現象が進んでおり，閉鎖的な海域に熱的影響を与える要因もあります.　工場から排出される温排水は，このような閉鎖性海域における熱量の増加を引き起こすため，後述する水質汚濁法によって規制されています.

> **例題 5.1**　閉鎖性海域の特徴について述べなさい.
> **解答**　閉鎖性海域は，外海との海水交換が悪く，河川からの出水にも大きく影響を受けて，場合によっては富栄養化します.　ただし，閉鎖性海域には干潟も形成されることもあり，多くの生物の生息域にもなっています.

5.1.3　水質の特徴

　水質を評価するためには，水中の非酸化物質を酸化させるために必要な**化学的酸素要求量**（chemical oxygen demand，**COD**），**生物的酸素要求量**（biochemical oxygen demand，**BOD**）などの指標や，全窒素や全リンの濃度の値を用います.　河川では BOD の指標を用いて，海域や汽水域では COD の指標を用いることで，水質汚濁にかかわる環境基準値を評価します[3].

　閉鎖性海域である東京湾，伊勢湾，大阪湾，瀬戸内海，有明海，八代湾では，COD の計測が 1974 年頃より行われています（図 5.3）[4].　COD の値を分析すると，1974 年頃から現在にかけては，格段の変化は見られません.　1970 年には，水質汚濁防止法（1970 年）が施行されており，この対策の結果として，COD の値が変化していないと解釈することができます.　他方で，1970 年以降も，水質の改善の対策が各事業者の排出規制や下水道の整備によって行われていますが，COD の値が改善していないと捉

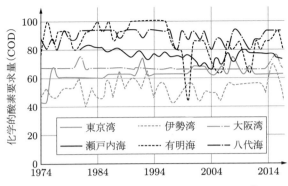

図 5.3 閉鎖性水域における COD の経年変化[4]

えることもできます．また，閉鎖性海域全体としてみると，全リン・全窒素の濃度も
あまり変化していないようです[4]．

　閉鎖性海域の水質に影響を与える河川の汚染源は，**特定汚染源**（point source）と
非特定汚染源（non-point source）に分けられます．特定汚染源は，工場排水などの
事業所より発生した排水や生活排水を始めとした，汚染の発生源が比較的特定しやす
いものを指します．これは点源ともよばれます．非特定汚染源は，農地などの落ち葉
や農薬，肥料などの，汚染源を明確に特定することが難しいものを指します．これは
面源ともよばれます．

　汚染源から発生したリンや窒素は，河川に溶解すると溶存態リンや溶存態窒素とし
て河川水に溶け出します．これらの溶存態有機物は河川では植物に吸収されることも
ありますが，その多くは吸収されることはなく沿岸域に流出します．さらに，洪水な
どの大規模出水の際には，溶存態有機物だけではなく，河川の底質に滞っている溶存
していないリンや窒素も沿岸域に排出されます（図 5.4）．

　河川を通してリンや窒素が閉鎖性海域へ流出すると，それを食物とする植物性プラ

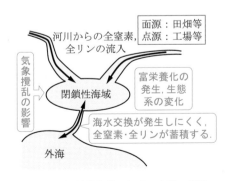

図 5.4 閉鎖性海域における水質の状態

ンクトンの大量発生によって赤潮や青潮が発生する場合があります．赤潮や青潮は酸素の多くを消費してしまい，貧酸素水塊をもたらします．その結果，沿岸域に生息する生物が死滅するなど，沿岸域の漁業や生態系に負の影響を与えてしまいます．

　閉鎖性水域の水質汚濁の発生機構については，現地調査や数値計算を用いた検討が行われています．水質汚濁の主要な原因としては，外海との海水交換が悪いことが指摘されています．ほかにも，夏季において，図5.5のように温度の低い河川水が温度の高い海水の下に潜り込むようになり，温度の鉛直方向の成層分布が発達した結果，海水の鉛直混合が行われなくなってしまい，海水の循環が悪くなることも指摘されています．

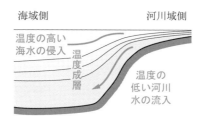

図5.5　温度の鉛直成層分布の発達

　台風などの気象攪乱からも閉鎖性海域の水質は影響を受けるとされています．たとえば，川崎ら[5]によると，台風などの気象攪乱が湾上を通過することで，温度の鉛直分布構造が破壊され，水平・鉛直方向の海水混合が行われて，貧酸素水塊が改善されるとされています．また，底質環境も水質に大きく影響します．閉鎖性海域では有機物の排出があまり行われず，海底に有機物を多く含んだ底質が溜まり，有機底泥となることがあります．底質が多くの有機物を含むことは，閉鎖性海域において富栄養化を引き起こし，赤潮・青潮の発生要因の一つとなります．

例題 5.2　COD と BOD について説明しなさい．
解答　COD と BOD は，それぞれ化学的酸素要求量と生物的酸素要求量のことを指します．いずれも水質の環境基準となっており，COD は海域で，BOD は河川の水質を計測するために用います．

5.1.4　水質改善の法整備と取り組み

　閉鎖性海域の水質を改善するために，政府や各自治体は法整備や多くの取り組みを行っています．それは，環境や生物を保護するという観点だけではなく，生物資源を回復させることによる地域経済への貢献や観光資源の回復などというように，人間社

会にも正の影響を与えると考えられているためです．そこで，これまでに行われてきた水質・土質環境の向上への法整備の取り組みを解説します．

戦後の水質に関する法整備は，公共用水域の水質の保全に関する法律（1959 年）や工場排水等の規制に関する法律（工場排水規制法，1959 年）によって始まりました（表5.1）．高度成長期には沿岸域の水質汚染が深刻であったため，1971 年には**水質汚濁防止法**が施行されました．この法律では，工場などの事業場から発生する排水を河川に排出する際に，COD を対象項目として濃度規制を行うものです．1978 年には水質汚濁法の改正により，窒素・リンの項目も追加されています．さらに，瀬戸内海では赤潮被害が頻発していたことから，1973 年に瀬戸内海環境保全臨時措置法が施行されています．

表 5.1 水質汚染に関する代表的な法整備

水質汚染に関する法律	概 要
公共用水域の水質の保全に関する法律（1959 年）	江戸川の製紙場による東京湾の漁業被害が経緯となって制定され，公共用水および地下水の水質保全が明記されました．
水質汚濁防止法（1971 年）	高度成長期における水質悪化が経緯となって制定されました．公共用の水域に排出される水質汚濁を防止する法律です．
瀬戸内海環境保全臨時措置法（1973 年）	瀬戸内海にかかわる排出水の規制の強化と，埋め立て地の造成の制限が明記されました．
海岸法（改正）（1999 年）	1956 年の施行時は，沿岸災害にかかわる法律でしたが，改正時には海岸環境の保全も明記されました．

このような法整備に基づいて，河川における水質向上に資する対策がされてきました．生活排水による汚濁負荷の削減対策としては，下水道の整備・高度化や農業廃水施設の整備などが行われてきています．事業所などから排出される汚濁負荷量の軽減措置としては，総量規制基準や排水基準の遵守を工場や事業所に求めることで行われてきました．また，農業による汚濁負荷の軽減に対しては，肥料の改良や適正量の使用，家畜の排せつ物の管理などが挙げられます．

以上に述べたような**環境基準値**の策定の下，各事業者などは排水の改善を行っており，閉鎖性海域の水質の改善の傾向が見られる地域もあります．ただし，河川からの全リンや全窒素の排出を低減しすぎると，かえって閉鎖性水域の栄養がなくなってしまい，結果として沿岸域に生息している生物の減少を招く可能性もあります．そのため，閉鎖性海域の生態系とのバランスを考慮して，窒素やリンに関する水質の改善を行う必要があると考えられます．

ほかにも水質を改善するために，沿岸域では様々な取り組みが行われてきました．沿岸域において水質を改善する取り組みとしては，開発によって失われた干潟などを

人工的に造成することで，自然が本来有する自浄作用の回復を狙ったものがあります．また，底質として固定された有機物の浚渫を行うことで，底泥の質を改善するものがあります．また，太陽光を利用した海底浄化システムの開発やエアレーション（曝気）の実施，沿岸域の底質を掘り起こしたり上部を砂で覆ったりすることで，底質の改善を図る方法も提案されています（生物資源再生 ▶ 5.2.3 項で詳しく説明します）．

5.2　沿岸域の生物環境

　沿岸域には，数多くの生物が生息しています．とくに，干潟などの潮が満ち引きする感潮帯には，そこに固有の生物も多く生息していますが，現在では，これら生物資源の減少がいくつも報告されています．本節ではまず，生物の分類や食物連鎖に基づいて，沿岸域に生息する生物を解説します．次に，それらの生物が好む生息環境を，水質と底質の面から解説します．具体的には，三河湾に生息する生物の事例を取り上げます．最後に，資源再生を試みる各自治体の取り組みや，そこで用いられている方法を紹介します．

5.2.1　生物の種類と食物連鎖

(1)　沿岸域の生物の分類

　生物の分類法はいくつかありますが，過去には五界説がよく用いられていました．最近は，DNA 解析技術の進歩により生物の分類も進歩しています．たとえば，ウーズ（Woese）ら[6]の，リボソームによる RNA 塩基配列を用いて行われた 3 ドメイン説に基づくと，表5.2 のように古細菌（archaea），細菌（bacteria），真核生物（eukaryota）に分類できるとされています．また，カバリエ゠スミス（Cavalier-Smith）による修正六界説[7]によると，細菌界，原生動物界，クロミスタ界，植物界，菌界，動物界に分類できるとされています．このように分類することで，生物の進化の過程やその多様性の理解を深めることができます．

表5.2　3 ドメイン説と修正六界説に基づく沿岸域の生物の分類

3 ドメイン説	修正六界説	代表的な沿岸域の生物
古細菌	細菌界	高度好塩菌，超好熱菌（極限状態を好む菌など）
細菌		藍藻類（シアノバクテリア）
真核生物	原生動物界	海洋プランクトン類，有孔虫
	クロミスタ界	クロロフィル a/c を有する藻類
	植物界	海藻類（コンブ，ワカメ等），緑藻（アオサ等）
	菌界	海生菌（好砂海生菌），海洋糸状菌
	動物界	軟体動物，魚類，鳥類，哺乳類

　沿岸域に生息する代表的な生物を修正六界説に基づいて分類してみます．その結果として，細菌界の藍藻類や，原生動物界に位置する海洋プランクトン類，クロミスタ界のクロロフィル a/c をもつ藻類，植物界の海藻類，菌界の海生菌，動物界の軟体動物から魚類，鳥類，哺乳類などとして分類できます．この分類結果を用いると，ドメインや界を横断するように多種多様な生物が沿岸域に生息していることがわかります．以下では，沿岸域の食物連鎖を具体的に考えるために，原生動物界，植物界，動物界を中心として解説します．

(2)　沿岸域の生物の食物連鎖

　食物連鎖を考えると，生物は**分解者**（decomposer），**生産者**（producers），**1 次消費者**（first order consumer），**高次消費者**（high order consumer）に大きく分類できます．高次消費者はおもに動物界から成立しており，下位の消費者や生産者を捕食します．1 次消費者もおもに動物界から成立していますが，生産者を捕食します．植物界で構成される生産者は光合成を行うことで，二酸化炭素と水から糖を生産します．分解者は，生産者，1 次消費者，高次消費者の死骸や排せつ物を分解することで土壌を構成して，植物プランクトンの光合成の環境を整えます．

　沿岸域における高次消費者は，海鳥などの鳥類や大型魚を含む魚類などの生物が考えられます．場合によっては，クジラやイルカなどの哺乳類や，ウミガメなどの爬虫類が高次消費者になる地域も存在します．これらに捕食されるのは，中型魚や軟体動物，より下位の消費者としては，稚魚や小型魚，貝類が考えられます．1 次消費者としては，生産者である植物プランクトンを捕食する動物プランクトンも考えられます．沿岸域では，多様な海生菌が死骸や排せつ物を分解します．ここで，生産者である海藻は，高次消費者である貝類や小型魚に捕食されるといったように，実際の食物連鎖の過程は複雑ですが，沿岸域の食物連鎖のピラミッドを簡潔に示すと図 5.6 のように

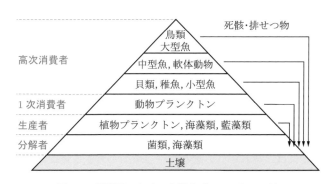

図 5.6　沿岸域における生態系ピラミッドの一例

なります.

　このような生態系のピラミッドは,生産者や高次消費者の微妙なバランスの上に成立しています.何らかの理由によって,動物性プランクトンの数が増えた生態系を想定しましょう.この場合,多くの動物性プランクトンによって捕食されて,植物性プランクトンなどの生産者の数が減少し,他方で,動物性プランクトンを捕食する高次消費者の数が増加します.すると,増加した消費者により死骸や排せつ物が増加します.そのため分解者による分解が増加し,結果として減少していた生産者の数が増加します.また,植物性プランクトンの減少により動物性プランクトンなどの1次消費者が減少します.この結果として,1次消費者を捕食する高次消費者の数も減少します.したがって,生態系ピラミッドはもとどおりに安定します.このように,食物連鎖のピラミッドは自己修復機能をもつとされており,沿岸域における食物連鎖のピラミッドもそのようになっていると考えられます.

(3)　沿岸域の生物多様性と生態系サービス

　沿岸域の生物は,魚介類を人類に提供するという供給サービス,水質を浄化するという調整サービス,教育的な場所やレクリエーションの場を提供するというような文化的なサービスを提供しています(図5.7).このようなサービスは,沿岸域以外から提供されるサービスでは代替しにくく,多様な生物が沿岸域に生息することで,より大きいサービスをわれわれ人類も受けることができます.

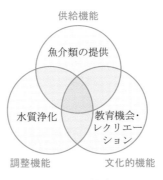

図 5.7　おもな生態系サービス

5.2.2　生物の生息環境

　それぞれの生物には,それぞれの適した生息環境があることは明らかです.海洋生物の生息や生育には,流況・水質・土砂環境が大きく影響すると考えられていますが,閉鎖性海域を含む沿岸域では,外海と比較すると流れ場は比較的小さいと考えられま

す．そのため，ここでは沿岸域の生物の生息環境として，水質環境と土砂環境をおもに解説します．

(1)　水質環境（サンゴ礁の例）

　水質環境を構成する海水温度，塩分濃度，pH 値が沿岸域の生物におもな影響を与えますが，これらの物理量に関しては，その最適な値が，生物の成長ステージごとに定まっています（図 5.8）．そのため，海水温度や塩分濃度が激変してしまうと，生物は生息地域において適切に成長することが難しくなってしまいます．以下では，沿岸域に生息している**サンゴ礁**の例を用いて解説します．

図 5.8　生息環境と生物の成長ステージ

　クラゲの仲間であるサンゴ虫は，刺胞動物（腔腸動物）に分類されます．サンゴ虫は 18～30°C の比較的温暖な地域に生息しています．サンゴ虫は体内に褐虫藻を含んでおり，それが光合成することによって自らも養分を得ています．およそ 30°C 以上の海水温度が続いてしまうと，体内の褐虫藻を失ってしまい，白化現象（図 5.9）を引き起こします[8]．白化現象によって，サンゴ礁の成体は養分の供給が止まり，体力を失って弱ってしまうと考えられています．

図 5.9　白化して死滅した石サンゴの欠片（沖縄県宮古島市）

　また，石サンゴ類は比較的濃い塩分を含む海水を好むとされています．最適な塩分濃度は3〜4‰とされています．そのため，大きな河川が生息域の近傍に位置している場所では，河川から流出した淡水が海水と混じり合うことで，塩分濃度の低下を招きます．その結果として，サンゴ礁に打撃を与えることがわかっています．さらに，pH値の低下もサンゴ礁に影響を及ぼします．海洋中のpH値が低下，つまり海水が酸化してしまうと，石サンゴの石灰化母液に影響を与えます．その結果として，サンゴ礁全体の石灰化に悪影響を与えるという報告があります．海洋中の生物はpH値7〜8程度の弱アルカリ性の海中環境を好むため，海洋の酸性化は，多くの生物に影響を与えると考えられています．

　このように，サンゴ礁はサンゴ虫にとっての最適な水質環境場をもっていることが確認できました．現在，地球温暖化にともなう全球的な海水面温度の上昇によって，生物資源の減少が懸念されています（温暖化の沿岸域への影響 ▶ 次節で詳しく説明します）．

（2）　土砂環境

　土砂環境も沿岸域に生息する生物に影響を与えます．たとえば，(1) で例を挙げたサンゴ礁の場合では，赤土の流出が固体にダメージを与えるなどの影響があります．他方で，干潟において泥と砂が混在している領域では，土砂の供給は多くの生物に適した生息環境を与えています．たとえば，三河湾においては，河口からの土砂供給がアサリなどの生物に生息する場を提供しています．なお，土砂環境に関しても各生物に最適な環境があります．三河湾の土砂環境とアサリの例では，ある程度泥を含んだ砂地を好んで生息していることが，愛知県西尾市東幡豆の前島付近の干潟での調査の結果としてわかっています[9]．

（3）　生息環境の喪失

　世界各地で，生物の生息環境の喪失の可能性が指摘されています．これは，沿岸域の人為的な開発や沿岸域の汚染，さらには地球温暖化の影響です．物理的な原因としては，埋め立て地の増設や，ダム建設による土砂供給量の減少に伴う，河口域の土砂堆積量の減少などが挙げられます（図 5.10）．

　前述したように，水温の上昇やpH値の下降などの水質の変化も生物の生息域に影響するので，環境が適合しなくなると生息数は減少することになります．また，閉鎖性海域では富栄養化も問題となりますが，環境規制を強化した結果として海域に流出する栄養分を餌としているプランクトンが減少し，生物全体が減少するというシナリオも考えられます．このように，生物の生息環境は様々な要素が複雑に絡み合っていると指摘できます．

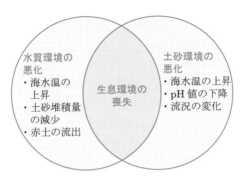

図 5.10　生息環境の喪失のイメージ

例題 5.3　沿岸域の生物が提供する三つのサービスを挙げなさい.

解答　魚介類の提供などの供給機能,水質浄化などの調整機能,教育機会やレクリエーションなどの文化的機能などのサービスがあります.

5.2.3　生物資源の再生への取り組み

　生物資源が人為的な理由で減少している場合には,対策が施されます. 沿岸域の生物は人間にも生態系サービスを提供しているため,それらを保護し資源を回復させることは重要です. ここでは,生物資源の保護や再生を行うための各自治体の試みやその方法の一部を紹介します.

　日本政府は,1996 年に「海洋生物資源の保存及び管理に関する法律」を施行して,**海洋生物資源**の保護に努めています. この法律では,閉鎖性海域における生物資源も含まれています. これを受けて各自治体では,沿岸域の生物資源を取り戻すために,様々な試みを行っています. ここでは,資金的な面からも大きく生物資源の再生の拡充を試みている東京湾における事例を参考にして,その生物資源の再生の取り組みを紹介します.

　東京湾においては,人工的に生物資源を再生させる試みが行われています. 歴史的には,沿岸域の埋め立てによって干潟が減少し,富栄養化によって赤潮・青潮による貧酸素水塊がしばしば発生していました. ここで,海底の貧酸素水塊の影響から生物を回避させるために,約 500 m 四方の領域(土捨て場)に浚渫土砂の仮置き場を設置して,海面近くまで盛り土を行いました[10]. これによって沿岸域の生物の棲む場所が増加して,生物資源が回復したと報告されています.

　一方で,汚泥の除去も行われています. 海底に滞留したヘドロは貧酸素水塊を形成するため,生物資源に悪影響を与えます. このような有害な底質を取り除いて,良質な土砂を投入することで,浅場を造成して生物資源の住処を形成することが考えられ

ています[11]．また，エアレーション（曝気）を行うことで，貧酸素水塊に酸素を注入して青潮を防ぐ試みも行われています[12]．

　さらに，特定の生物資源を植生させる，もしくは放流することで，生物資源全体を活性化させる試みが行われています．この代表的な例は，アマモ場の再生です．アマモ場の育成に適したシートを海底に置いて，その上にアマモの苗を植えることで再生を試みています．同時に，アサリの稚貝も放流することで，アサリによる水質改善も期待しています．このように，生物本来の水質浄化作用を利用した東京湾の生物資源再生の試みが行われています．

　これらの対策が行われた後，水質環境や生物資源が回復しているかを確認するために，モニタリングが行われています．モニタリングを行うことで，資源の再生を継続的に把握して，必要があれば対策を行うという方法がとられています．

5.3　地球規模の環境変動への対応

　地球規模において，人間活動の結果としての環境変動が指摘されています．前述した閉鎖性海域における富栄養化や干潟の消失なども，地域における人為的な環境変動の一つと考えられます．しかし，近年最も注目されているのが人間活動を起源とする地球温暖化による気候変動です．大気・海洋中の温度が上昇することで大気・海洋中の熱力学過程が変化して，結果として全球規模の気候変動が生じると考えられます．このような気候変動による人類への悪影響の例としては，気象・海象災害被災ポテンシャルの変化，海面上昇による人類の居住域の変更や沿岸域における既存の生態系サービスの低下が指摘されています．

　そのため，地球温暖化後の物理環境場がどう変化するのかを予測する多くの試みがなされています．遠い将来の大気・海洋物理場を予測することは不確実性を伴いますが，その予測不確実性を念頭に置きつつ，100年単位での気候の予測が各国の研究機関によってなされています．本節では，気候変動の沿岸域に対する影響に注目して，近年の研究の動向やその成果を整理します．

5.3.1　温暖化と気候変動の概要
(1)　温暖化のシナリオ

　1988年に設立された気候変動に関する政府間パネル（IPCC）によって，地球温暖化に関する科学的知見が整理されています．IPCCはノーベル平和賞を2007年に受賞しており，温暖化に関する研究に多大な影響力をもっています．2013年には第5次作業部会報告書を発表し，その中には代表的濃度経路（representative concentration pathways, RCP) シナリオが含まれています[13]. これらのシナリオでは, 政策的な温暖化緩和策が実施されるシナリオも含まれています. 代表的な4シナリオの中では, 放射強制力 (地球温暖化を引き起こす効果) の上昇 (たとえば二酸化炭素濃度の上昇) などが今後も継続するシナリオ (RCP8.5) や, 中位安定化シナリオ (RCP4.5) などが政策のための前提条件としてよく使われています.

　本書では, IPCC 第5次作業部会の結果を用いた研究成果を主として紹介します. 2020年代初頭に報告書が刊行される予定の第6次作業部会では, 共有社会経済パスシナリオ (SSP シナリオ) が発表されており, 気候変動に関する研究の今後の動向が注目されています. そのため, これから紹介する予測結果は, 新たな研究報告の発表によって今後も若干ながら更新されていくものと考えられますが, SSP シナリオと RCP シナリオの傾向には多くの共通点が存在します. したがって, 今後も物理法則に基づく, 類似の結果になることが予想されます.

(2) 気候と海洋の長期予測

　温暖化のシナリオに沿って, **全球大気循環モデル (GCM)** を用いた気候の長期予測が行われています. この長期予測は, 全世界をおよそ1°間隔の格子で再現して数値計算を行っています. ここで, いくつかある GCM のモデルの出力結果は少しずつ異なります. そのため, 気候変動後の予測は100年後の未来の予測になっていますが, その予測には不確実性 (uncertainty) が含まれています. そのような GCM の不確実性を取り除くために, 気候変動の研究に参加している GCM 間のアンサンブル平均値を算定した結果がよく用いられています. このように未来の予測には不確実性が伴いますので, その予測不確実性をどのように考慮するかということも温暖化の研究では重要です.

　日本周辺域の海水面温度と気温, 相対湿度の RCP8.5 シナリオ下における 2006〜2015 年の平均値と, 2081〜2100 年の出力結果の差分を分析します (図 5.11). ここで, 海水面温度の変化には GCM モデルの予測結果に差異が見られます. たとえば, 2081〜2100 年と 2006〜2015 年の海水面温度を GCM 間で比較すると, 最低値は 2°C を下回りますが, 最高値では 4.5°C を上回っています. このように, 将来予測においては前述したような GCM 間の予測不確実性が存在します. このような GCM 間の予測不確実性は, 海水面温度だけではなく, 気温や相対湿度の将来予測からも確認できます.

　次に, 温暖化のシナリオ間では, 大気海洋物理場の将来予測が異なることも指摘されています. さらに, 北半球では南半球と比較してより温暖化の傾向が強く現れていることも予測されています[13]. このように, 地域ごとに温暖化の影響が異なります.

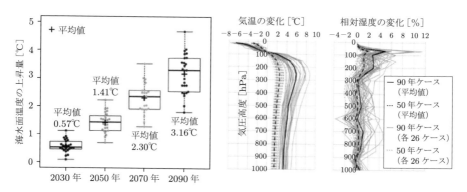

図 5.11　日本近海域における海水面温度，気温と相対湿度の変化（GCM の 26 モデルの RCP8.5 シナリオの出力結果を用いて作成[14]）

このような海水面温度や気温，湿度の変化は地球上の熱力学の変化を引き起こし，後述するような極端気象などの変化も引き起こします．

例題 5.4　温暖化のシナリオはどのように決められますか．

解答　温暖化シナリオは，放射強制力や各国の温室効果ガスの排出がどの程度低減されるかによって決定されます．たとえば，IPCC 第 5 次作業部会によると，温室効果ガスの排出がこのまま将来にかけて政策的に低減されない場合のシナリオが RCP8.5 シナリオ，政策的にある程度低減された場合のシナリオが RCP4.5 シナリオとされています．

5.3.2　温暖化の沿岸域への影響

　沿岸域に対する温暖化の影響は多岐にわたることが予想されています．図 5.12 に，例として，砂礫海岸に対する影響伝播図を示します[14]．地球温暖化による影響として結果的に砂礫海岸に大きく影響するのは，台風の強度や頻度の変化，海水面上昇や気候の変化が挙げられます．この影響伝播図に従うと，台風の強度が増加すると，風速と波高の増大が引き起こされます．風速は飛砂量の変化をもたらして，結果として海浜の狭小化が引き起こされる可能性があります．このような影響が現れる場所としては，飛砂量が多く，沿岸に位置する道路が土砂によって埋没されるような新潟海岸が挙げられます．

　次に，波高が増加すると，沖向き漂砂が発現しやすくなります．それによって，海浜砂が沖向きに運ばれてる結果として，海浜の狭小化や新たな侵食箇所の発生や海岸侵食が激化することが考えられます．ほかにも，海面上昇による波打ち帯の陸進や，全球的な気候の変化による波浪条件や河川流量の変化なども予想されています．このように，温暖化の沿岸域への影響は多岐にわたっています．したがって，本項では，と

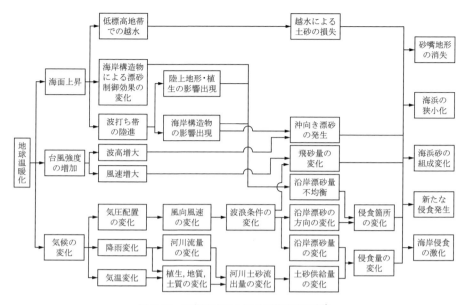

図 5.12 砂礫海岸における影響伝播図[14]

くに大きく影響を与える，台風の強度の増加と海面上昇についておもに記します．

（1） 温暖化と極端気象現象

　沿岸防災の観点から，温暖化による温帯低気圧や熱帯低気圧などの**極端気象現象**への影響が注目されています．極端気象現象の変化は，大気・海洋物理場の長期的な変動に伴って起こります．たとえば，海水面温度が上昇すると，台風下の顕熱・潜熱のフラックスが上昇して，台風の強度が増加する可能性が高まります．

（2） 温暖化の熱帯低気圧に対する影響評価

　温暖化に伴う温帯低気圧の長期的な変化としては，強度の減少と頻度の低下が言及されています[13]．しかし，降水量は増加するという指摘や，強度や頻度の増加が想定されるという研究成果も存在し[15]，学術的な合意は，いまだとれていません．これは，温暖化後に極端気象現象の変化についても予測不確実性がつねにともなう難しい研究課題であるからです．ここで，温暖化後に熱帯低気圧の強度の上昇に関する一研究を紹介します．

　中村と柴山[16]は，比較的強い勢力を保って日本列島に上陸した 2011 年の台風 15 号に対して，**擬似温暖化実験**[17]を適用しました．その結果を用いて，台風の強度の指標として用いられる地上風速と中心気圧の結果を解説します．図 5.13 に示すように，

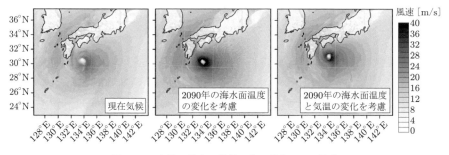

図 5.13　台風の強度の指標である地上 10 m 風速

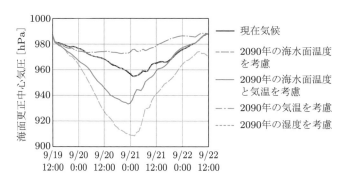

図 5.14　海面更正中心気圧に与える温暖化後の物理場（海水面温度）の影響評価[16]

地上風速の平面分布が明らかに変化しています．また，海面更正中心気圧も，図 5.14 のように物理場の変化に伴って変化しています．たとえば，温暖化後の傾向に従って海水面温度を上昇させた場合には，台風の強度は増加（中心気圧の低下と風速の増加）しています．他方で，気温を変化させた場合には，台風の強度は減少（中心気圧の上昇と地上風速の減少）しています．このように，物理場の変化に伴って台風の強度が大きく変化しています．これは，台風ハイヤンによる高潮でも同様の傾向が見られています[18]．

　地球温暖化による海水面温度の上昇は，台風・高潮の強度の大きな増加をもたらすこと，気温の上昇は台風・高潮の強度の小さな低下をもたらすこと，湿度の影響は相対的に小さいことがわかりました．これを既往の研究[13]と比較すると，海水面温度が高く，対流圏の気温が低下している際に台風の強度が増加します．これは，熱帯低気圧の最大強度理論と整合していますので，擬似温暖化手法は整合性がある手法と考えられます．表 5.3 を用いて，以下にもう少し詳しく説明します．

　ノットソン（Knutson）ら[19]と比較すると，海水面温度の上昇は台風の強度の増加をもたらします．次に，ワン（Wang）ら[20]と本研究を比較すると，対流圏の温度の温

表 5.3 既往研究[19-21]と中村と柴山の研究[16]の比較

	ノットソンら	ワンら	エマニュエルら	中村と柴山		
海水面温度	上昇				上昇	上昇
対流圏の気温		上昇			上昇	上昇
成層圏の気温			低下		低下	低下
台風の強度	増加	減少	増加	増加	減少	増加

度が上昇すると，台風の強度は減少します．一方で，エマニュエル（Emanuel）ら[21]によると，成層圏の温度低下は台風の強度を増加させるとされています．ここで，擬似温暖化場では，対流圏の温度の上昇と成層圏の温度の低下が見られます．したがって，擬似温暖化場において，台風の強度が増加する理由は，海水面温度の上昇と成層圏の温度低下による台風の強度の増加が，成層圏の温度上昇による台風の強度の低下を上回るためとわかります．ここで，気候変動後には，対流圏界面が低下するということもありますが，これは成層圏の温度低下によってもたらされたと指摘されています[22]ので，いずれにしても成層圏の温度低下も直接的もしくは間接的に台風の強度に影響していることがわかります．

(3) 温暖化の温帯低気圧に対する影響

温暖化によって，温帯低気圧の頻度や強度が変化するとの指摘もあります[23]．この研究によると，RCP8.5 シナリオ下では，温帯低気圧の個数は若干減少するものの，強度と降雨量は増加するとされています．また，温帯低気圧に擬似温暖化手法を適用した研究が行われています[24, 25]．この研究によると，RCP8.5 を想定した温暖場では，温帯低気圧の強度はほぼ変化しない[24]，もしくはわずかに増加する程度です[25]．このように温帯低気圧の強度は地球温暖化に伴って若干変化するようですが，熱帯低気圧のそれと比較すると，海面温度や気温から受ける直接的な温帯低気圧の強度と頻度の変化は少ないと考えられます．

(4) 沿岸災害への影響

極端気象現象が変化すると，それに伴って沿岸域の海象も変化します．たとえば，台風の強度が増加すると，それに伴う高潮や高波の強度も増加します．沿岸災害の将来予測に関する研究は始まったばかりですが，いくつかの研究成果を紹介します．

沿岸災害に確かな影響を与えるといわれているのは海面上昇です．海水面が上昇することで，沿岸域の水位の上昇により，津波や高潮の浸水範囲が増加するといわれています．ラームストルフ（Rahmstorf）[26]によると，海面上昇の量 $H(t)$ は，気温 T に基づいて，次式のような解析・経験式を用いて示されます．

$$H(t) = a \int_{t0}^{t} (T(t') - T_0)dt' \tag{5.1}$$

ここで，$a = 3.4\,\mathrm{mm/年\cdot°C}$，$T_0 = 0.5$ です．この算定式に基づくと，21 世紀の終わりごろには，55〜125 cm の海水面上昇のシナリオも考えられます[26]．第 5 次作業部会の研究を用いた研究報告[27] によると，21 世紀の終わりごろには，RCP2.6，8.5 シナリオの場合はそれぞれ，24〜61 cm と 52〜131 cm の海面上昇が発生するおそれがあるとされています．

　熱帯・温帯低気圧の頻度や強度の長期予測には数値モデルの予測不確実性が伴いますが，上述したような海水面上昇は高い確率で発生すると報告されています．そのため，IPCC AR5[13] によると，沿岸災害による浸水被害は海水面温度の上昇によって甚大化する可能性が高まるとされています．

　ここで，熱帯低気圧による東京湾における高潮の強度を，擬似温暖化場を用いた研究結果に基づいて解説します．東京湾においては，およそ 2050 年の RCP8.5 の出力結果を基に構築した擬似温暖化場を適用した場合，高潮の強度は増加しました（図 5.15）．そのため，東京湾は将来の大気・海洋物理場において，高潮の強度が増加するおそれがあります．

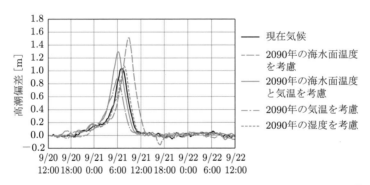

図 5.15　擬似温暖化場を適用した東京湾湾奥における高潮の数値計算結果[16]

例題 5.5　温暖化後に台風の強度が大きくなるとされている理由を述べなさい．

解答　おもに海水面温度が上昇するためです．また，この海水面温度の上昇による台風の強度の増加が，気温の変化による台風の強度の減少よりも大きくなるためとも指摘されています．

(5)　水質への影響

　温暖化に伴って沿岸域の水質環境が変化することが予想されます．とくに懸念され

るのが塩分濃度の変化です. たとえば, 海面が上昇すると, 低湿地帯における塩分の濃度が上昇することが考えられます. また湖沼だけではなく, 河川域においても塩分濃度が上昇すると, 感潮帯域において密度成層の形成による貧酸素水塊量の増加が考えられます. さらに, 沿岸農地においては塩害被害の拡大も懸念されます. このように, 沿岸域においては, 塩分濃度の変化を中心とした影響が懸念されます. また, 二酸化炭素濃度が上昇することで, 海水の酸性化と生物への影響も懸念されます.

(6) 生物環境への影響

沿岸域の生物の生息環境への温暖化の影響伝播図を, 図 5.16 に簡潔に示します. 温暖化の影響として考えられるのは, 波浪や潮汐, 海浜流といった海洋物理場の変化に伴う種子の着床の変化です[14]. これには, 静穏領域の減少や種子が受ける流体抵抗の増加によって, 生息場が変化することが考えられるためです. また, 先述したように海面高度が変化することで, 後背地の地形構造の変化や水循環が変化して, 生息地の移動や消失やそれに伴う生態系連鎖構造の変化が想定されます. また, 台風や降雨強度の変化に伴って, 河川から海域に流入する土壌の量や質や水質も変化すると考えられます. この変化は生態系の変化はもとより, 生物の物質循環やエネルギー循環にも影響すると考えられます.

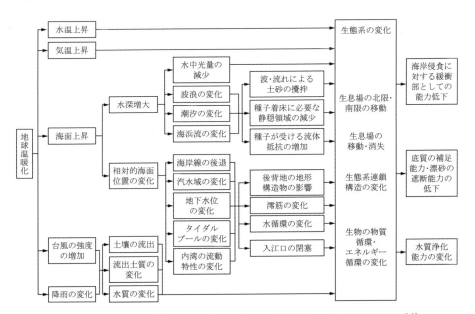

図 5.16 塩性湿地・藻場・マングローブ林の物理的特性に対する影響伝播図[14]

(7)　その他の影響

　ほかにも，地球温暖化が進行することで，海水温度の上昇と二酸化炭素を吸収することによる海水の酸性化が予想されています．それらの水質環境の変化は，最適な海水温度やpH値でのみ生息できる沿岸域の生物に大きな影響を与えます．さらに，局所的には，河川からの洪水量の増加によって，塩分濃度の低下が進み，生息環境に影響を与えるということも考えられます．このような影響に関して，いくつかの生物の例を通して，考えていきます．地球温暖化による影響が現れる可能性があると考えられているのはサンゴ礁の生息分布の変化です．サンゴ虫は水温が高いと弱ってしまい，サンゴ礁の白化現象を引き起こして，ついには死滅してしまいます（▶5.2.2項参照）．石サンゴ類が多く生息している日本の南西の海域では，気候変動後に海水温度が上昇する可能性があります．サンゴは最適な生息場所を目指して北東に移動する可能性も指摘できます．しかし，サンゴの北東への移動と比較して，海水温度上昇の移動が速いため，サンゴ礁の消滅する可能性があると指摘されています（図5.17）．グレートバリアリーフにおいてもサンゴ礁の白化・死滅に関する報告がされています．このように，移動速度が遅い生物は地球温暖化による変化に対応することができずに消滅してしまうと考えられます．

図5.17　温暖化後のサンゴ礁の移動と海水面温度の分布に関するイメージ

　閉鎖性海域を生息しているアサリなどにも同様の可能性が考えられます．閉鎖性海域では，海水温度上昇した環境に適用できない生物の逃げ道は限られていて，生物群が消滅してしまう可能性があります．その場合には，食物連鎖のピラミッドの崩壊を引き起こして，生態系に多大な負の影響を与える可能性が高いと考えられます．一つの種類の生物が消滅しただけで，ほかの生物に食物連鎖を通した間接的な悪影響を与える可能性が指摘できます．

　移動が比較的容易な魚類に関しても考えてみます．実際に，各魚類の収穫量の場所的な変化が指摘されています．たとえば，比較的南西側の日本海域で採取されていた

ブリが北海道付近の海域で見られるようになっているという報告もあります[28]．このような変化には，海水温度の変化も影響すると考えられています．移動が難しい海洋生物は大きく悪影響を受ける一方で，比較的移動が容易な魚類等は生息域が変化してしまうことが考えられます．

5.3.3　温暖化対応策

これまでに示したような温暖化の悪影響を低減するために，各国政府が対応策を模索しています．これは，地球温暖化が現実に観測されていることと，将来の人類の生存に対して責任をもつ必要に迫られているからです．沿岸域において，温暖化を直接防止する温暖化防止策の方法は，陸上における温室効果ガスの直接的な削減方法と比較して種類が少ないため，その方法が模索されています．また，多くの人々が沿岸域に居を構えていることを考えると，温暖化に適用することはわれわれ社会の永続的な発展に重要です．本項では，沿岸域における代表的な温暖化の対策方法を紹介します．

（1）　温暖化対応策の分類と種類

温暖化の対応策は温暖化防止策と温暖化適応策に分類できます．**温暖化防止策**とは，温室効果ガスを削減するなど地球温暖化を直接防止するための対策です．たとえば，アマモを干潟に植生させたり，石サンゴ類を養殖することは，海中の二酸化炭素を炭素に固定できるため，直接的に温暖化を防止する方法です．他方で，**温暖化適応策**というのは，温暖化による影響が発生したと想定して，それに適応する方法です．たとえば，温暖化によって高潮の強度が上昇する可能性があるため，防潮堤の高さを増設するというのは，温暖化適応策に相当します．

沿岸域における適応策は防護，順応，撤退に分類できるとされています（表5.4）[29]．防護に分類できるのは，防潮堤や防波堤の嵩上げや波浪減衰を目的とした養浜，海岸域や住宅地における盛り土など標高の嵩上げがあります．これらの対策は，温暖化後の波浪場や高潮の強度の変化に対して構造物を築くことで，直接沿岸域の生存域を守

表 5.4　温暖化防止策と適応策の分類

分　類		内　容	具体的な方法
防止策	ブルーカーボン	温室効果ガスを削減する．	アマモの植生
適応策	防護	海岸域の居住地を海岸構造物で防護する．	防潮堤や住宅地の嵩上げ，養浜
	順応	温暖化による沿岸域の物理場変化に順応する．	住民への教育，ハザードマップの作成
	撤退	沿岸域から撤退する．	高台移転

る方法と考えることができます.

　次に, 適応策としては, 温暖化後の状態に人類が適応する順応があります. これには, 海水面が上昇した際のハザードマップを作成して, 沿岸域に居住する住民の沿岸災害から身を守るための危機意識を高める方法も含まれます. また, 幼少より温暖化の教育を行うことで沿岸域の変化 (たとえば海水面上昇) に対して, どのように対策・計画を策定するかという教育を行うことなども挙げられます. ほかにも, 沿岸域には関係ありませんが, 気温の上昇に伴って発生する熱中症を予防することなども順応と分類することができます. このように, 人間の温暖化に対する意識にアプローチする方法論のことを順応といいます.

　最後の沿岸域の温暖化適応策は, 沿岸域からの撤退です. 沿岸域に居住する住民が高台に移転することが具体的な対応策として挙げられています. また, 島嶼に居する住民は, 本島や大陸に移動することも考えられます. しかしながら, 沿岸域に居住する住民は, 沿岸災害から被災した後ももとの居住場所に帰ってくるとの指摘もあります[30]. この研究報告が示しているように, 沿岸域の住民移転などの温暖化対策を行うことは難しいと指摘されています.

　以上に述べたように, 沿岸域における温暖化の適応策には長所と短所があります. したがって, 沿岸域の防災を高度化するためには, 地域に適した防止策や適応策の防護, 順応, 撤退を複数組み合わせることが重要で, 日本の沿岸災害に対する防災方略ではそのような指針になっています.

(2)　日本沿岸域における温暖化対応策の現状

　世界各国において, 海面上昇などを考慮した沿岸域における防災力強化が実施されています. ここでは, 沿岸災害が頻発している日本と, 国土の1/3が海抜0m以下の低地帯が占められ沿岸災害の危険性が高いオランダ, および近年高潮・高波による海岸域の洪水が頻発している米国の, 3カ国の沿岸域における温暖化対応策の現状を説明します.

　日本の温暖化に対する防災方略では, ハード・ソフトの防災戦略を組み合わせて, 温暖化後の沿岸災害の激甚化に対応するとされています. 温暖化後に激甚化が予想されている沿岸災害としては, 高潮が挙げられていますので, 高潮浸水ハザードマップの構築が計画されています. また, 海面上昇による津波浸水被害の激甚化も想定されており, ソフト防災対策としての避難計画の高度化が, 温暖化対応策の一環として計画されています. また, 既設海岸構造物の整備の更新の優先順位を決定するなども考慮されており, 温暖化後を想定した沿岸災害による被害の低減に向けた計画がなされています.

　オランダでは，多層安全型のアプローチ（multi layer safety approach）がとられています．この方法では，① 防潮堤や防波堤の嵩上げを第1層で考慮します．② 次の層では，防災を考慮した都市計画を行うことで，住民の安全を考慮します．③ 3層目では，避難計画や避難行動に対する住民の訓練や教育を行うとしています．これらの多重安全概念を用いることで，住民や構造物の安全を確保することを目的としています．また，国土のほとんどが低地帯であるため，温暖化後においても再現確率が10万年の洪水に対しても，住民が安全な生活を送れるような目標が定められています．

　米国では，州ごとに温暖化対応策が異なります．ここでは，**ハリケーン・カトリーナ**による高潮の被害を被ったルイジアナ州の例を紹介します．ルイジアナ州では，温暖化に伴う海水面上昇の結果としての陸上面積の減少が，最大で $4700\,\mathrm{km}^3$ となると試算しています．そのため，政府より温暖化対策の予算がルイジアナ州に配分されています．また，温暖化予測には不確実性が伴うため，2030年度までと2060年度までの前期と後期に予算を分割して，最大で500年先まで見通した防災計画を策定しています．このように，各国政府が温暖化後の沿岸域のあり方を模索しており，沿岸域における温暖化対策は今後順次社会に実装されていくものと考えられます．

Column　沿岸環境

　海岸は，「人が生活をしている陸」と海との境目にあります．このような海岸がもつ特性から，海岸は人の社会活動の影響を大きく受けます．

　海岸に対する人間活動の影響には，水や砂の運動や挙動といった物理的な影響と並んで，自然環境，つまり海域の水質や海岸に生息する生物などの生態系への影響もあります．

　人の活動の結果として，多くのものが自然界に排出されます．私たちが日常生活で使用した生活排水もその例外ではありません．陸域から汚れた水が海域に流入することで，海水の水質が悪化し，生物が棲めないような環境としてしまうことがあります．また，砂浜や干潟といった海岸には，自然の浄化機能があります．とくに，干潟はそこに生息する生物によって，陸域から排出された富栄養化水を浄化する機能に優れています．しかし，そのような干潟が埋め立てなどによって消失することで，水質の浄化機能が低下するなどの問題が起きており，近年では干潟の再生なども行われるようになっています．

　東京湾のように陸地に囲われた閉鎖性内湾では海水の交換が悪く，都市を背後に抱えている場合には，水質汚濁が進みやすいという特徴をもちます．また，同じく東京湾で見られるように，埋立地造成のために海底を浚渫した後のくぼ地に滞留した貧酸素水塊が上昇してくることで，青潮が引き起こされるような，これまでになかった環境問題も発生しています．水質は，水に含まれる物質の量や移動を扱う問題ですし，貧酸素水塊の動きも風により引き起こされる波と水の動きに関連したものであるため，海岸工学の知識を利用して解決策を提示する分野です．

　海岸工学は環境分野も幅広く扱う学問であることを認識してほしいと思います．

演習問題

5.1 大阪湾の埋め立て地の特性について，東京湾と比較して述べなさい．

5.2 図 5.6 に示した沿岸域の生態系ピラミッドを考えます．河川の洪水によって溶存態窒素やリンが閉鎖性海域に混入しました．その結果として，生産者である植物性プランクトンの数が一時的に増加しました．ここから想定される生態系ピラミッドの変化に関する二つのシナリオを提示して，それらを説明しなさい．

5.3 沿岸域に生息するアサリに対する温暖化の影響について説明しなさい．

5.4 温暖化後の沿岸域災害の予測不確実性について説明しなさい．

付録A 海岸工学で用いる流体力学のまとめ

A.1 流体力学の歴史[1]

　海岸工学は，流体力学の発展を礎として，海での工学を扱う分野として成長してきました．流体力学は，海岸工学のほかに，水力学や水理学，河川工学といった水に関連する様々な学問が理論的に発展していくことに大きく貢献しました（もちろん，航空工学など，流体に関連する学問の発展にも大きな寄与をしています）．ここでは，その歴史を少し振り返ってみましょう．

　17世紀後半，**ニュートン**（Newton, 1642–1727）により運動の三法則が提唱されたことで，古典力学の発展がはじまりました．ニュートンは，粘性流体の概念を提案し，流体力学が発展していくきっかけを与えたことでも知られています．

　18世紀に入ると，ニュートンの力学法則を基礎として，これまで経験的に処理されてきた水の運動を定式化・実用化していく試みが進んでいきます．すなわち，流体力学の出現です．とくにこの時代には，**ベルヌイ**（Bernoulli, 1700–1782）や**オイラー**（Euler, 1707–1783）といった数学・物理学者によって，完全流体の運動が定式化されました．

　19世紀に入ると，土木技術者である**ナビエ**（Navier, 1785–1836）や数学者である**ストークス**（Stokes, 1819–1903）が，完全流体の理論だけでは，十分に説明できない水の流れの定式化を試みました．その結果，ナビエとストークスの両者は粘性流体の運動方程式を，それぞれ独立に提案しています．両者の偉大な功績を称えるため，現在では粘性流体の運動方程式はナビエ・ストークス方程式とよばれています．

　19世紀後半から20世紀初頭には，乱流の流体力学についての研究が盛んに行われました．とくに，**プラントル**（Prandtl, 1875–1953）による境界層理論の登場により，流体力学はさらに大きく発展し，現実の流体運動を説明する強力な道具となりました．

　20世紀後半からは，コンピュータの性能が格段に向上したことを背景に，流体力学は数値流体力学へと進化しています．現在では，流体力学で導出された理論や数式を，コンピュータで計算するための理論や技術の重要性が高まっています．

A.2 ベクトル解析の基礎

　海岸工学で必要となる数式は長く，数も多いため，教科書ではベクトル演算子を使って短く表現されることがほとんどです．ここでは，ベクトル解析の基礎，とくに**勾配**（gradient）・**発散**（divergence）・**回転**（rotation）について復習します[1-4]．

A.2.1 勾 配

　ベクトル解析で使われる勾配の意味を理解するためには，まず「スカラー場」と「ベクトル場」の違いを整理する必要があります．一般に，スカラー場とは，大きさはあるが方向をもち合わせていない物理量の集まりのことで，ベクトル場は大きさと方向の両方をもち合わせた物理量の集まりのことです．スカラー場の代表例は，室内の温度や，コップの中の砂糖水の濃度です．これらは空間的に高い・低いという「大きさの違い」はあっても「方向性はない」ことが感覚的に理解できると思います†．一方でベクトル場の代表例は，これまでに扱ってきた水の流れです．水の流れは当然，大きさも方向も備えています．**勾配**は，「スカラー場をベクトル場に変化させる操作」だと理解するとわかりやすくなります．ベクトル解析では，ナブラ ∇ という記号を用いて勾配が表現されます．∇ の定義は次式の通りです．

$$\nabla = \left(\frac{\partial}{\partial x}, \frac{\partial}{\partial y}, \frac{\partial}{\partial z} \right) \tag{A.1}$$

この ∇ を，スカラー場 $\phi(x, y, z)$ の左につけて積をとってみると，以下に示すように，勾配を示すベクトル場が得られます．

$$\nabla \phi = \left(\frac{\partial \phi}{\partial x}, \frac{\partial \phi}{\partial y}, \frac{\partial \phi}{\partial z} \right) \tag{A.2}$$

教科書によっては，∇ の代わりに勾配の英語 gradient の先頭 4 文字を用いて，次式のように勾配を表現することもあります．

$$\mathrm{grad}\, \phi = \left(\frac{\partial \phi}{\partial x}, \frac{\partial \phi}{\partial y}, \frac{\partial \phi}{\partial z} \right) \tag{A.3}$$

A.2.2 発 散

　勾配はスカラー場をベクトル場に変化させる操作でした．一方で，**発散**は「ベクトル場をスカラー場に変化させる操作」です．ベクトル場の代表的な例である水の流れ $\vec{u} = (u, v, w)$ を対象に，定義を確認します．次式のとおりです．

$$\nabla \cdot \vec{u} = \frac{\partial u}{\partial x} + \frac{\partial v}{\partial y} + \frac{\partial w}{\partial z} \tag{A.4}$$

このように，∇ とベクトル場の内積を計算する操作が発散です．発散を作用させた結果，右辺はスカラー場になることを確認してください．また，発散はその英語 divergence の先頭文字 3 文字を使って，次式で表すこともあります．

$$\mathrm{div}\, \vec{u} = \frac{\partial u}{\partial x} + \frac{\partial v}{\partial y} + \frac{\partial w}{\partial z} \tag{A.5}$$

　ここで，スカラー場に勾配を作用させ，その後発散を作用させることを考えます（つまり，スカラー場 ⇒ ベクトル場 ⇒ スカラー場と戻ってくる計算手順を考えます）．スカラー場 $\phi(x, y, z)$ を対象に式を用いて表すと，

$$\nabla \cdot \nabla \phi = \nabla^2 \phi = \frac{\partial^2 \phi}{\partial x^2} + \frac{\partial^2 \phi}{\partial y^2} + \frac{\partial^2 \phi}{\partial z^2} \tag{A.6}$$

---

† なお，スカラーは英語で scalar と書き，ものの大きさを表す scale が語源です．

が得られます．ここでは，∇ 自身をベクトルに見立てて内積を求めてから，スカラー場に作用させています．ここで得た ∇^2 は，ラプラシアンとよばれる演算子です．

A.2.3 回　転

　ベクトル解析で用いられる**回転**は，「ベクトル場をベクトル場に変化させる操作」です．つまり，ベクトル場に回転を作用させることで，新たなベクトル場が生み出されます．回転の定義は，次式のとおりです．

$$\nabla \times \vec{u} = \left(\frac{\partial w}{\partial y} - \frac{\partial v}{\partial z}, \frac{\partial u}{\partial z} - \frac{\partial w}{\partial x}, \frac{\partial v}{\partial x} - \frac{\partial u}{\partial y} \right) \tag{A.7}$$

このように，∇ とベクトル場の外積を計算する操作が回転です．回転を施した結果，右辺はベクトル場になっています．回転はその英語 rotation の先頭 3 文字を使って，次式で表すこともあります．

$$\mathrm{rot}\ \vec{u} = \left(\frac{\partial w}{\partial y} - \frac{\partial v}{\partial z}, \frac{\partial u}{\partial z} - \frac{\partial w}{\partial x}, \frac{\partial v}{\partial x} - \frac{\partial u}{\partial y} \right) \tag{A.8}$$

　回転の物理的なイメージを説明します．ベクトル場に回転を作用させることで得られた新たなベクトル場は，ある点に右ねじ（右に回すと締まるねじ）を置いたときに，そのねじがどのくらい回るかを示しています．もう少し具体的に説明すると，$\nabla \times \vec{u}$ の z 成分は，z 軸の正方向に向けて右ねじを置いたときに，どのくらいそのねじが回転するかを示しています．値が正であればねじが締まり，負であればねじが緩みます．図を使って説明しましょう．水の流れがある空間中に各辺の長さが dx, dy, dz の直方体を置いてみます．この直方体を，z 軸と平行な軸の周りに回転させる場合を考えます．

　このときに直方体に作用する力の大きさは，図 A.1 から x 方向の流速 u と y 方向の流速 v を使って表すと，

$$-u\left(x, y+\frac{\Delta y}{2}, z\right) \Delta x \Delta z + u\left(x, y-\frac{\Delta y}{2}, z\right) \Delta x \Delta z$$
$$+v\left(x+\frac{\Delta x}{2}, y, z\right) \Delta y \Delta z - v\left(x-\frac{\Delta x}{2}, y, z\right) \Delta y \Delta z \tag{A.9}$$

となり，テイラー展開を用いて整理すると，

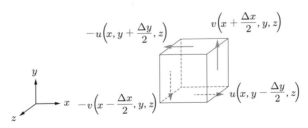

図 A.1　流体の回転方向

$$-\frac{\partial u(x,y,z)}{\partial y}\Delta x \Delta y \Delta z + \frac{\partial v(x,y,z)}{\partial x}\Delta x \Delta y \Delta z \tag{A.10}$$

となります．直方体の体積で割れば，以下の単位体積あたりの「z 軸方向に向けたねじを回す力の大きさ」が得られることが確認できます．

$$\frac{\partial v}{\partial x} - \frac{\partial u}{\partial y} \tag{A.11}$$

x 軸，y 軸を回転軸とする場合にも同じ考え方を適用することができます．

このように，流速場に回転を作用させることで得られたベクトル場は，流体が回転する様子を表すことから，**渦度**（vorticity）とよばれます．渦度のベクトル場は，$\vec{\omega}$ を使って次式のように表されます．

$$\vec{\omega} = (\omega_x, \omega_y, \omega_z) = \left(\frac{\partial w}{\partial y} - \frac{\partial v}{\partial z}, \frac{\partial u}{\partial z} - \frac{\partial w}{\partial x}, \frac{\partial v}{\partial x} - \frac{\partial u}{\partial y}\right) \tag{A.12}$$

A.3 流体力学での保存則

古典力学では，物体の運動を数式によって表現するうえで，変化しない量，つまり保存される物理量に着目することにしています．質量，運動量，エネルギーの三つに着目すると，それぞれ**質量保存則**（conservation of mass），**運動量保存則**（conservation of momentum），**エネルギー保存則**（conservation of energy）が成立します．ただし，エネルギー保存則については，水の流れを対象とした水理学や海岸工学を考える場合には注意が必要です．一般的に，古典力学や流体力学におけるエネルギー保存則は，気体の状態方程式のことを指します．しかし，水理学や海岸工学の場面では，圧縮性の小さい「水」を扱うため，圧縮性を無視してしても計算結果に影響が出ることはほとんどありません．そのため，一般的なエネルギーの保存則ではなく，力学的なエネルギーの保存則であるベルヌイの式が用いられます．このベルヌイの式は，運動量の保存則を表す式を場所的に積分して導くことが可能です．そのため，水理学や海岸工学の世界では，運動量の保存則と（力学的）エネルギーの保存則を連立して用いることはできません．

以下，質量保存則と運動量保存則が表す式について説明します[1-3, 5]．

A.3.1 質量保存の法則（連続式）

水の流れの中に置かれた微小な直方体（図 A.2）を対象に，質量の保存則を考えてみましょう．この微小直方体に時間 dt の間に直方体一つひとつの面から流入する水の質量と流出する水の質量をすべて足し合わせると，次式が得られます．

$$\left\{\rho\left(u - \frac{\partial u}{\partial x}\frac{dx}{2}\right)dydzdt + \rho\left(v - \frac{\partial v}{\partial y}\frac{dy}{2}\right)dxdzdt + \rho\left(w - \frac{\partial w}{\partial z}\frac{dz}{2}\right)dxdydt\right\}$$
$$-\left\{\rho\left(u + \frac{\partial u}{\partial x}\frac{dx}{2}\right)dydzdt + \rho\left(v + \frac{\partial v}{\partial y}\frac{dy}{2}\right)dxdzdt + \rho\left(w + \frac{\partial w}{\partial z}\frac{dz}{2}\right)dxdydt\right\}$$

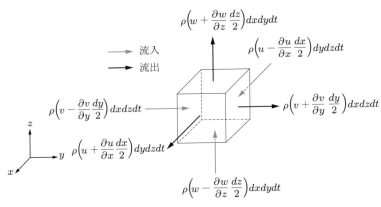

図 A.2　微小直方体に水が流出入する面における流量

$$= \frac{\partial}{\partial t}(\rho dxdydzdt) \tag{A.13}$$

ここで，右辺が示しているのは直方体の中で増加（もしくは減少）した水の質量です．ただし，前述したように水は圧縮性の影響が小さい（圧力や温度によって水の密度はほとんど変わらない）流体とみなすことができますので，密度は時間によって変化しないと考えられます．そのため，右辺の値は 0 となり，式全体を整理すると，

$$\frac{\partial u}{\partial x} + \frac{\partial v}{\partial y} + \frac{\partial w}{\partial z} = 0 \tag{A.14}$$

が得られます．これは水の質量保存則を表す式で，一般的には**連続式**（continuity equation）とよばれます．なお，A.2 節で学習した発散を用いると，次式で表されます．

$$\nabla \cdot \vec{u} = \mathrm{div}\ \vec{u} = 0 \tag{A.15}$$

A.3.2　運動量保存の法則（運動方程式）

　もう一度，水中の微小な直方体を対象にして，今度は運動量保存の法則を考えてみましょう．運動量保存の法則は，ニュートンの運動の第 2 法則を適用することで得られます．質点の運動におけるニュートンの運動の第 2 法則は，

$$ma = F \tag{A.16}$$

と表されます．ここで，m は質点の質量，a は質点の加速度，F は質点に作用している力です．この式を微小直方体に適用してみましょう．ここでは，x 軸方向の運動を対象に式を導いていきます．まず，直方体の質量は，体積が $dxdydz$ であるので，水の密度を ρ とすると，次式で表されます．

$$m = \rho dxdydz \tag{A.17}$$

　次に，x 方向の加速度を考えます．加速度は流速を時間で微分することで求められます．こ

こで，流速 $\vec{u} = (u, v.w)$ はベクトル場で，u, v, w の 3 成分をもっています．それぞれの流速成分は時間 t と空間 (x, y, z) の四つを変数とする関数です．流速の x 成分 u について，各変数を少しだけ変化させたときの変化量 du を考えると，

$$du = \frac{\partial u}{\partial t}dt + \frac{\partial u}{\partial x}dx + \frac{\partial u}{\partial y}dy + \frac{\partial u}{\partial z}dz \tag{A.18}$$

と表されます．この式の両辺を dt で割ると，

$$\frac{du}{dt} = \frac{\partial u}{\partial t} + \frac{\partial u}{\partial x}\frac{dx}{dt} + \frac{\partial u}{\partial y}\frac{dy}{dt} + \frac{\partial u}{\partial z}\frac{dz}{dt} = \frac{\partial u}{\partial t} + u\frac{\partial u}{\partial x} + v\frac{\partial u}{\partial y} + w\frac{\partial u}{\partial z} \tag{A.19}$$

となり，これが流速 u の加速度 a_x です．

最後に，微小直方体に作用している力 F について考えます．微小直方体には，質量力，圧縮力，せん断力の三つの種類の力が作用しています．質量力は，重力などの質量に比例して作用する力ですので，単位質量あたりの質量力の x 成分を X とすると，

$$F_x = \rho X \, dx dy dz \tag{A.20}$$

と表されます．

圧縮力は各平面に対して垂直に作用する力です（図 A.3）．x 平面に作用する単位面積あたりの圧縮力を σ_{xx} とすると，直方体に作用する圧縮力は，図より，

$$F_x = \left(\sigma_{xx} + \frac{\partial \sigma_{xx}}{\partial x}\frac{dx}{2}\right)dydz - \left(\sigma_{xx} - \frac{\partial \sigma_{xx}}{\partial x}\frac{dx}{2}\right)dydz = \frac{\partial \sigma_{xx}}{\partial x}dxdydz \tag{A.21}$$

と表されます．なお，ここで変数 σ_{xx} の添え字の 1 番目は力が作用している面に直角な座標軸を，2 番目は力が作用している方向と平行な座標軸を示しています．

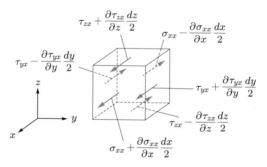

図 A.3　微小直方体に作用する力（x 軸方向）

微小直方体に対して x 方向に作用するせん断力は，y 平面，z 平面に作用する力を考えることで求められます．図より，せん断力は

$$F_x = \left(\tau_{yx} + \frac{\partial \tau_{yx}}{\partial y}\frac{dy}{2}\right)dxdz - \left(\tau_{yx} - \frac{\partial \tau_{yx}}{\partial y}\frac{dy}{2}\right)dxdz$$
$$+ \left(\tau_{zx} + \frac{\partial \tau_{zx}}{\partial z}\frac{dz}{2}\right)dxdy - \left(\tau_{zx} - \frac{\partial \tau_{zx}}{\partial z}\frac{dz}{2}\right)dxdy$$

$$= \left(\frac{\partial \tau_{yx}}{\partial y} + \frac{\partial \tau_{zx}}{\partial z} \right) dx dy dz \tag{A.22}$$

と表されます.

質量力,圧縮力,せん断力をすべて足し合わせると,微小直方体に作用する力が

$$F_x = \left(\rho X + \frac{\partial \sigma_{xx}}{\partial x} + \frac{\partial \tau_{yx}}{\partial y} + \frac{\partial \tau_{zx}}{\partial z} \right) dx dy dz \tag{A.23}$$

と表されます.式 (A.17), (A.19), (A.23) を式 (A.16) に代入して $\rho dx dy dz$ で両辺を割ると,

$$\frac{\partial u}{\partial t} + u \frac{\partial u}{\partial x} + v \frac{\partial u}{\partial y} + w \frac{\partial u}{\partial z} = X + \frac{1}{\rho} \left(\frac{\partial \sigma_{xx}}{\partial x} + \frac{\partial \tau_{yx}}{\partial y} + \frac{\partial \tau_{zx}}{\partial z} \right) \tag{A.24}$$

となり,微小直方体を対象とした運動方程式が得られます.これは,流体を対象とした一般的な運動方程式です.これを基礎として,完全流体と粘性流体の運動方程式を導きましょう.

「完全流体」は水が粘性をもたない(すなわち,水と固体壁の間や水どうしの間で速度差によるせん断力が作用しない)と仮定した流体のことを指します.完全流体の場合は,圧縮力(σ_{xx})は圧力 p のみで表され,せん断力(τ_{yx}, τ_{zx})ははたらきませんので,

$$\sigma_{xx} = -p, \quad \tau_{yx} = 0, \quad \tau_{zx} = 0 \tag{A.25}$$

が成り立ちます.上式を式 (A.24) に代入して整理すると,

$$\frac{\partial u}{\partial t} + u \frac{\partial u}{\partial x} + v \frac{\partial u}{\partial y} + w \frac{\partial u}{\partial z} = X - \frac{1}{\rho} \frac{\partial p}{\partial x} \tag{A.26}$$

が得られます.同様にして,y 方向,z 方向の運動方程式についても考えると,

$$\frac{\partial v}{\partial t} + u \frac{\partial v}{\partial x} + v \frac{\partial v}{\partial y} + w \frac{\partial v}{\partial z} = Y - \frac{1}{\rho} \frac{\partial p}{\partial y} \tag{A.27}$$

$$\frac{\partial w}{\partial t} + u \frac{\partial w}{\partial x} + v \frac{\partial w}{\partial y} + w \frac{\partial w}{\partial z} = Z - \frac{1}{\rho} \frac{\partial p}{\partial z} \tag{A.28}$$

が得られます.これらの式は,完全流体を対象とした運動方程式で,**オイラーの方程式**(Euler equation)とよばれています.

実際には水は粘性をもっており,より詳細な水の運動を分析する際には,粘性を考慮した「粘性流体」を対象とした運動方程式を用いる必要があります.粘性流体を考える場合は,圧縮力・せん断力と流速の間に下記の関係式が成り立つことが知られています(x 軸方向のみ取り上げます).

$$\sigma_{xx} = -p + 2\mu \frac{\partial u}{\partial x}, \quad \tau_{yx} = \mu \left(\frac{\partial u}{\partial y} + \frac{\partial v}{\partial x} \right), \quad \tau_{zx} = \mu \left(\frac{\partial w}{\partial x} + \frac{\partial u}{\partial z} \right) \tag{A.29}$$

ここで,μ は粘性係数です.上式を式 (A.24) に代入して整理すると,

$$\frac{\partial u}{\partial t} + u \frac{\partial u}{\partial x} + v \frac{\partial u}{\partial y} + w \frac{\partial u}{\partial z} = X - \frac{1}{\rho} \frac{\partial p}{\partial x} + \nu \left(\frac{\partial^2 u}{\partial x^2} + \frac{\partial^2 u}{\partial y^2} + \frac{\partial^2 u}{\partial z^2} \right) \tag{A.30}$$

が得られます.ここで,ν は動粘性係数です.同様にして,y 方向,z 方向の運動方程式についても考えると,

$$\frac{\partial v}{\partial t} + u\frac{\partial v}{\partial x} + v\frac{\partial v}{\partial y} + w\frac{\partial v}{\partial z} = Y - \frac{1}{\rho}\frac{\partial p}{\partial y} + \nu\left(\frac{\partial^2 v}{\partial x^2} + \frac{\partial^2 v}{\partial y^2} + \frac{\partial^2 v}{\partial z^2}\right) \tag{A.31}$$

$$\frac{\partial w}{\partial t} + u\frac{\partial w}{\partial x} + v\frac{\partial w}{\partial y} + w\frac{\partial w}{\partial z} = Z - \frac{1}{\rho}\frac{\partial p}{\partial z} + \nu\left(\frac{\partial^2 w}{\partial x^2} + \frac{\partial^2 w}{\partial y^2} + \frac{\partial^2 w}{\partial z^2}\right) \tag{A.32}$$

となります．これらの式は，粘性流体を対象とした運動方程式で，**ナビエ・ストークスの方程式**（Navier–Stokes equation）とよばれています．

最後に，オイラーの方程式，ナビエ・ストークスの方程式をベクトル演算子を用いて表現すると，オイラーの方程式は，

$$\frac{\partial \vec{u}}{\partial t} + (\vec{u}\cdot\nabla)\vec{u} = \vec{f} - \frac{1}{\rho}\nabla p \tag{A.33}$$

となり，ナビエ・ストークスの方程式は，

$$\frac{\partial \vec{u}}{\partial t} + (\vec{u}\cdot\nabla)\vec{u} = \vec{f} - \frac{1}{\rho}\nabla p + \nu\nabla^2\vec{u} \tag{A.34}$$

となります．ここで，$\vec{f}$ は質量力のベクトル場です．

A.4 速度ポテンシャルと流れ関数[1-3, 6]

A.4.1 速度ポテンシャル

流体が非圧縮・非粘性の完全流体かつ非回転という条件を付け加えられる場合（たとえば，進行する風波を扱う微小振幅波理論を導出する場合）には，**速度ポテンシャル**（velocity potential）という関数を使うことができます．速度ポテンシャルは以下のように定義されます．

$$u = -\frac{\partial \phi}{\partial x}, \quad v = -\frac{\partial \phi}{\partial y}, \quad w = -\frac{\partial \phi}{\partial z} \tag{A.35}$$

すなわち，速度ポテンシャルは，(x, y, z) の方向に偏微分すると，それぞれの方向の流速が得られるスカラー関数のことです．式を見ると，流速は速度ポテンシャルが小さくなる方向に流れることがわかります．

この速度ポテンシャルを，渦度の式 (A.12) に代入してみましょう．

$$\omega_z = \frac{\partial v}{\partial x} - \frac{\partial u}{\partial y} = \frac{\partial^2 \phi}{\partial x\partial y} + -\frac{\partial^2 \phi}{\partial x\partial y} = 0 \tag{A.36}$$

このように，渦度は 0 で，流体は非回転とみなすことができます．速度ポテンシャルが使用できる条件は非回転でしたので，条件を満たすことが確認できました．

速度ポテンシャルを用いて連続式 (A.14) を表すと，

$$\frac{\partial^2 \phi}{\partial x^2} + \frac{\partial^2 \phi}{\partial y^2} + \frac{\partial^2 \phi}{\partial z^2} = \nabla^2\phi = 0 \tag{A.37}$$

となります．この式は，**ラプラス方程式**（Laplace equation）とよばれます．ラプラス方程式を満たす解 ϕ は，境界条件を与えることで求められます．流体が非圧縮・非粘性・非回転

とみなせる場合には，この式と適切な境界条件を用いれば，ϕ を得ることができ，さらにそれを空間的に偏微分することで，流速が得られます．

A.4.2　流れ関数

　流れ関数も，速度ポテンシャルと同様に空間座標で偏微分すると，流速が得られる関数のことです．ただし，流れ関数が存在する条件は速度ポテンシャルよりも広く，非圧縮性の流体であることのみが条件です．流れ関数は 3 次元の流れ場でも定義することが可能ですが，ほとんどの場合 2 次元の問題で使用されます．そこで，2 次元の流れ場を考えます．流れ関数の定義は次式のとおりです．

$$u = -\frac{\partial \psi}{\partial z}, \quad w = \frac{\partial \psi}{\partial x} \tag{A.38}$$

流れ関数も速度ポテンシャルと同じくスカラー関数ですので，流れ場の中に特定の数値をもっています．流れ場にある流れ関数の値が同じ点を結ぶと線ができ，その線は**流線**（streamline）とよばれます．この定義から同一の流線上では流れ関数の値は変化しませんから，流線上で全微分を考えると，

$$d\psi = \frac{\partial \psi}{\partial x}dx + \frac{\partial \psi}{\partial z}dz = 0 \tag{A.39}$$

が得られます．ここで式 (A.38) を代入すると，

$$wdx - udz = 0 \tag{A.40}$$

となり，ここから，

$$\frac{dx}{u} = \frac{dz}{w} \quad \text{または} \quad \frac{dz}{dx} = \frac{w}{u} \tag{A.41}$$

が得られます．この式は，流線の微小な線素の方向 (dx, dz) と流速ベクトル (u, w) の方向が同じであることを示しています．つまり，流線は，自身の曲線上にある点の「接線の方向」がその点の「流れの方向」と一致している線であると定義されます．流れの場の中には流れ関数の値が複数あるため，流線を複数引くことができます．このとき，2 本の隣り合った流線間を流れる流量はつねに一定であり，その流量は流れ関数の値の差で与えられるという性質があります．ここから，流れ場の中の流線の間隔の変化を見れば，流速の大きさの変化が直感的にわかります．具体的には，連続式から明らかなように，流線の間隔が狭いところでは同じ流量を流すためには大きな流速が必要であるため，流れが速く，逆に間隔が広くなるところでは流れが遅くなります．

A.4.3　速度ポテンシャルと流れ関数の関係

　非圧縮・非粘性・非回転の 2 次元の流れ場を考えてみます．この条件下では，速度ポテンシャルも流れ関数も存在することができます．非回転と流れ関数の定義から，

$$\frac{\partial^2 \psi}{\partial x^2} + \frac{\partial^2 \psi}{\partial z^2} = \nabla^2 \psi = 0 \tag{A.42}$$

が得られます．つまり，非圧縮・非粘性・非回転の 2 次元の流れ場では速度ポテンシャルと流れ関数について，ラプラス方程式が成立することとなります．

速度ポテンシャルと流れ関数に勾配を作用させて，その内積を考えてみましょう．

$$\nabla\phi\cdot\nabla\psi = uw - uw = 0 \tag{A.43}$$

この式は，流れ場において，速度ポテンシャルの値が一定の線（等ポテンシャル線）と流れ関数の値が一定の線（流線）は互いに直交することを意味しています（図 A.4）．

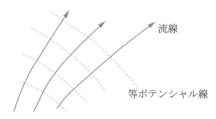

図 A.4　等ポテンシャル線と流線の関係

A.4.4　ベルヌイの式

非圧縮・非粘性・非回転の 2 次元の流れ場があるとします．この条件下では，オイラーの方程式が支配方程式となり，この式から一般化されたベルヌイの式が求められます．xz 平面上で考えると，質量力は z 軸方向のみにはたらくため，オイラーの方程式は

$$\frac{\partial u}{\partial t} + u\frac{\partial u}{\partial x} + w\frac{\partial u}{\partial z} = -\frac{1}{\rho}\frac{\partial p}{\partial x} \tag{A.44a}$$

$$\frac{\partial w}{\partial t} + u\frac{\partial w}{\partial x} + w\frac{\partial w}{\partial z} = -g - \frac{1}{\rho}\frac{\partial p}{\partial z} \tag{A.44b}$$

となります．ここで，非回転の条件を考えると，式 (A.12) より，

$$\frac{\partial u}{\partial z} = \frac{\partial w}{\partial x} \tag{A.45}$$

となるため，これを式 (A.44) に代入すると，

$$\frac{\partial u}{\partial t} + \frac{\partial(u^2/2)}{\partial x} + \frac{\partial(w^2/2)}{\partial x} = -\frac{1}{\rho}\frac{\partial p}{\partial x} \tag{A.46a}$$

$$\frac{\partial w}{\partial t} + \frac{\partial(u^2/2)}{\partial z} + \frac{\partial(w^2/2)}{\partial z} = -g - \frac{1}{\rho}\frac{\partial p}{\partial z} \tag{A.46b}$$

が得られます．今回の条件下では速度ポテンシャルが存在できるため，左辺第 1 項を速度ポテンシャルを用いて書き換え，整理すると，

$$\frac{\partial}{\partial x}\left\{-\frac{\partial\phi}{\partial t} + \frac{1}{2}(u^2 + w^2) + \frac{p}{\rho}\right\} = 0 \tag{A.47a}$$

$$\frac{\partial}{\partial z}\left\{-\frac{\partial\phi}{\partial t} + \frac{1}{2}(u^2 + w^2) + \frac{p}{\rho}\right\} = -g \tag{A.47b}$$

となります. ここで, 式 (A.47) の x 方向の式を x 軸方向に積分すると,

$$-\frac{\partial \phi}{\partial t} + \frac{1}{2}(u^2 + w^2) + \frac{p}{\rho} = C'(z, t) \tag{A.48}$$

が得られます. 右辺の積分定数は, z 軸方向および時間 t のみの関数になります. z 方向の式についても z 軸方向に積分すると,

$$-\frac{\partial \phi}{\partial t} + \frac{1}{2}(u^2 + w^2) + \frac{p}{\rho} = -gz + C(x, t) \tag{A.49}$$

が得られます. 右辺の積分定数は, x 軸方向および時間 t の関数です. 二つの式を比較すると, 左辺はまったく同じ形をしていることがわかります. すると当然,

$$C'(z, t) = -gz + C(x, t) \tag{A.50}$$

が成立する必要があります. ここで, C は x, t の関数ですが, ほかの 2 項は x の関数ではありません. そのため, 式 (A.49) がつねに成立するためには, C は x の値によらない t のみの関数である必要があります. つまり,

$$C'(z, t) = -gz + C(t) \tag{A.51}$$

と書き換えられます. ここから, 式 (A.48) と式 (A.49) はともに,

$$-\frac{\partial \varphi}{\partial t} + \frac{1}{2}(u^2 + w^2) + \frac{p}{\rho} + gz = C(t) \tag{A.52}$$

となります. 速度ポテンシャルを用いて左辺第 2 項も書き換えれば,

$$-\frac{\partial \varphi}{\partial t} + \frac{1}{2}\left\{ \left(\frac{\partial \varphi}{\partial x}\right)^2 + \left(\frac{\partial \varphi}{\partial z}\right)^2 \right\} + \frac{p}{\rho} + gz = C(t) \tag{A.53}$$

が得られます. この式は, 非圧縮・非粘性・非回転の 2 次元の流れ場に成立するベルヌイの式で, しばしば**一般化されたベルヌイの式** (generalized Bernoulli equation) とよばれます. または, ラプラス方程式から速度ポテンシャルが求められ, 外力と積分定数が外部条件から与えられれば, 圧力を求めることができるため, 圧力方程式ともよばれます. この式は, 非圧縮・非粘性・非回転の条件が揃えば, 流体場のどこででも成立する式です.

　一方で非圧縮・非粘性の流体場を対象に, 流線に沿ってオイラーの方程式を適用すると,

$$\frac{\partial u_s}{\partial t} + \frac{\partial}{\partial s}\left(\frac{u_s^2}{2} + \frac{p}{\rho} + gz \right) = 0 \tag{A.54}$$

が得られます. ここで, u_s は流線に沿った流速です. 流れが定常であるときには, 左辺第 1 項がなくなり, また流線に沿って積分することで,

$$\frac{u_s^2}{2g} + \frac{p}{\rho g} + z = C(\psi) \tag{A.55}$$

が得られます. 右辺の値は流線 (流れ関数の値) ごとに定まる一定値です. この式は, 水理学で広く使われる**ベルヌイの式** (Bernoulli equation) です. 「任意の流線上で」というただし書きがつきますが, 定常・非圧縮・非粘性の流体場においては, 回転の有無にかかわらず適用することが可能な式です.

演習問題

A.1 非圧縮の 2 次元の流れ場（x, y 平面）を考えます．流速成分が次のように表されるとき，流線を図示しなさい．

$$u = 2ay, \quad v - 2ax$$

A.2 問図 A.1 のように，上下二つの板に挟まれた流体が，層流状態で流れるときの流速分布を図示しなさい．ただし，上の板も下の板も固定されており（速度が 0），流体運動は x 方向に変化している圧力によって発生しています．また，流れ場は定常状態とみなせるとします．

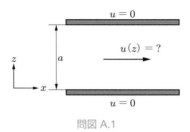

問図 A.1

付録B　微小振幅波理論に関する補足事項

B.1　微小振幅波理論の解と分散関係式の導出

　速度ポテンシャル ϕ が，z 方向の変化を表す関数 $f(z)$ と x と t に関して周期的に変化する関数である $\sin(kx - \sigma t)$ の積，すなわち，

$$\phi = f(z)\sin(kx - \sigma t) \tag{B.1}$$

で表されるとして，解を求めていきます．これを式 (1.13) に代入して整理すると，次式が得られます．

$$\frac{d^2}{dz^2}f(z) - k^2 f(z) = 0 \tag{B.2}$$

この式は，$f(z)$ に関する定数係数の 2 階線形微分方程式であり，その一般解は次式で表されます（詳しくは常微分方程式に関する教科書[1] を参照してください）．

$$f(z) = Ae^{kz} + Be^{-kz} \tag{B.3}$$

これを式 (B.1) に代入すると，次式が得られます．

$$\phi = (Ae^{kz} + Be^{-kz})\sin(kx - \sigma t) \tag{B.4}$$

この式に含まれる A と B を境界条件を用いて求めていきます．

　まず，底面における運動学的条件である式 (1.17) より，

$$k(Ae^{-kh} - Be^{kh})\sin(kx - \sigma t) = 0 \tag{B.5}$$

となり，この式から

$$A = Be^{2kh} \tag{B.6}$$

という関係が得られます．これを式 (B.4) に代入すると，次式が得られます．

$$\phi = 2Be^{kh}\cosh k(h + z)\sin(kx - \sigma t) \tag{B.7}$$

　次に，水面における力学的条件である式 (1.15) より，

$$\eta = \frac{2B\sigma e^{kh}}{g}\cosh kh \cos(kx - \sigma t) \tag{B.8}$$

となり，この式と波形を表す式 (1.1) とを比較すると，

$$2Be^{kh} = \frac{gH}{2\sigma}\frac{1}{\cosh kh} \tag{B.9}$$

という関係が得られます．これを式 (B.7) に代入すると，次式が得られます．

$$\phi = \frac{gH}{2\sigma} \frac{\cosh k(h+z)}{\cosh kh} \sin(kx - \sigma t) \tag{B.10}$$

さらに，水面における運動学的条件である式 (1.16) に，式 (1.1) と式 (B.10) を代入して計算すると，

$$\sigma^2 = gk \tanh kh \tag{B.11}$$

が得られます.

最後に，式 (1.14) に式 (B.10) を代入して計算すると，

$$p = \frac{\rho g H}{2} \frac{\cosh k(h+z)}{\cosh kh} \cos(kx - \sigma t) - \rho g z \tag{B.12}$$

が得られます.

B.2　双曲線関数

双曲線関数は，指数関数を用いて次のように定義されます.

$$\sinh x = \frac{e^x - e^{-x}}{2}, \quad \cosh x = \frac{e^x + e^{-x}}{2}, \quad \tanh x = \frac{\sinh x}{\cosh x} \tag{B.13}$$

それぞれの関数をグラフに表すと図 B.1 のようになります. 微小振幅波理論で得られる波長を表す式 (1.22) には，$\tanh(2\pi h/L)$ が含まれています. $x = 2\pi h/L$ としたときに，深海波（$h/L > 1/2$）および長波（$h/L < 1/25 \sim 1/20$）の条件が示す領域も図に示していますが，これらの領域ではそれぞれ，$\tanh(2\pi h/L) \approx 1$ および $\tanh(2\pi h/L) \approx 2\pi h/L$ と近似できることがわかります.

また，双曲線関数の定義より，その微分は

$$\frac{d}{dx} \sinh x = \cosh x \tag{B.14}$$

$$\frac{d}{dx} \cosh x = \sinh x \tag{B.15}$$

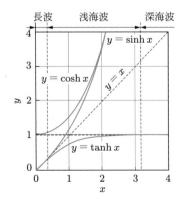

図 B.1　双曲線関数

$$\frac{d}{dx}\tanh x = 1 - \tanh^2 x = \frac{1}{\cosh^2 x} \tag{B.16}$$

となり，加法定理として，

$$\sinh(\alpha \pm \beta) = \sinh\alpha\cosh\beta \pm \cosh\alpha\sinh\beta \tag{B.17}$$

$$\cosh(\alpha \pm \beta) = \cosh\alpha\cosh\beta \pm \sinh\alpha\sinh\beta \tag{B.18}$$

$$\tanh(\alpha \pm \beta) = \frac{\tanh\alpha \pm \tanh\beta}{1 \pm \tanh\alpha\tanh\beta} \tag{B.19}$$

が成り立つことがわかります．

B.3 数値計算による波長の計算

　周期と水深が与えられたときに，式 (1.22) を用いた数値計算によって波長を求める 2 種類の方法について説明します．例として，それぞれの方法を用いて周期 $T = 10\,\text{s}$ の波の水深 $h = 20\,\text{m}$ の地点における波長 L を求めてみましょう．

　一つ目として，簡便な方法である数値収束計算による方法について説明します．まず，周期 T の深海波の波長 L_0 を求めます．

$$L_0 = \frac{gT^2}{2\pi} = 1.56T^2 = 156\,\text{m} \tag{B.20}$$

次に，求めた L_0 から出発して，式 (1.22) を用いて次のように L_1，L_2，L_3，$\cdots$ を順に求めていきます．

$$L_1 = L_0\tanh\frac{2\pi h}{L_0} = 104.07\,\text{m} \tag{B.21}$$

$$L_2 = L_0\tanh\frac{2\pi h}{L_1} = 130.40\,\text{m} \tag{B.22}$$

$$L_3 = L_0\tanh\frac{2\pi h}{L_2} = 116.36\,\text{m} \tag{B.23}$$

この計算を続けていくと，得られる値は徐々にある値へと収束していき，最終的に $L = 121.2\,\text{m}$ という値が得られます．条件によっては，多数回の計算が必要になりますが，表計算ソフトを用いれば多数回の計算も簡単に行うことができます．

　二つ目として，ニュートン法を用いた方法について説明します．ニュートン法とは，適当な値 x_0 から出発して次式を用いて x_1，x_2，x_3，$\cdots$ を順に求めていき，求めた値がある値に収束していったとき，その値を方程式 $f(x) = 0$ の数値解とする方法です（詳しくは，数値計算に関する教科書[2]を参照してください）．

$$x_{n+1} = x_n - \frac{f(x_n)}{f'(x_n)} \tag{B.24}$$

　ここでは，合田[3]によるニュートン法を用いた波長を求める方法について見ていきましょう．$D = 2\pi h/L_0$，$x = 2\pi h/L$ とおくと，式 (1.22) は

$$x - D\coth x = 0 \tag{B.25}$$

と書き換えることができます．ここで，$\coth x = 1/\tanh x$ です．式 (B.25) の左辺を $f(x)$ とおいてニュートン法を用いると，$f(x) = 0$ の数値解は次式を用いて求めることができます．

$$x_{n+1} = x_n - \frac{x_n - D\coth x_n}{1 + D(\coth^2 x_n - 1)} \tag{B.26}$$

計算を始める最初の値 x_0 は，D が 1 以上の場合は D とし，D が 1 より小さい場合は $D^{1/2}$ とします．以上の方法を用いて x_1，x_2，x_3，$\cdots$ を順に求めていくと，次のようになります．

$$x_1 = x_0 - \frac{x_0 - D\coth x_0}{1 + D(\coth^2 x_0 - 1)} = 0.8975 \tag{B.27}$$

$$x_2 = x_1 - \frac{x_1 - D\coth x_1}{1 + D(\coth^2 x_1 - 1)} = 1.027 \tag{B.28}$$

$$x_3 = x_2 - \frac{x_2 - D\coth x_2}{1 + D(\coth^2 x_2 - 1)} = 1.037 \tag{B.29}$$

この計算を続けていくと，x_n は 1.037 という値へと収束していくことがわかり，最終的に $L = 2\pi h/1.037 = 121.2\,\mathrm{m}$ という値が得られます．適切な値から出発してニュートン法を用いれば，数回の計算で値が収束します．

B.4　算定図による波長の計算

周期と水深が与えられたときに，図 B.2 のような算定図を用いて波長を求める方法もあり

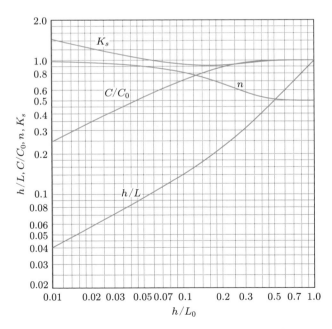

図 B.2　波長 L，波速 C，群速度 nC，浅水係数 K_s の算定図

ます. この図は, 波長に加えて, 波速, 群速度, 浅水係数を求めることができる算定図です. 前節と同じように, 例として, 周期 $T = 10\,\mathrm{s}$ の波の水深 $h = 20\,\mathrm{m}$ の地点における波長 L を, この算定図を用いて求めてみましょう.

算定図の横軸を見ると h/L_0 となっているので, まずはこの値を計算します.

$$\frac{h}{L_0} = \frac{h}{1.56T^2} = 0.128 \tag{B.30}$$

算定図にある h/L の曲線からこの値に対応する h/L の値を読み取ると, およそ 0.165 であることがわかります. したがって, 波長は $L = h/0.165 = 121.2\,\mathrm{m}$ となります. 同様に, 与えられた条件に対する波速, 群速度, 浅水係数も求めることができます. 正確な値を求めたい場合には前述の数値計算を用いる必要がありますが, 大まかな値を手早く知りたい場合や, 手元で双曲線関数が計算できない場合などには, 算定図が役に立つこともあるかもしれません.

周期と水深が与えられたときに大まかな波長の値を手早く知りたい場合には, 近似式を用いて計算するという方法もあります. たとえば, 次式を用いると計算を繰り返すことなく, 最大 3%の誤差で波長を求めることができます[4].

$$L = \frac{gT}{2\pi} \tanh\left\{ 2\pi \sqrt{\frac{h}{gT^2}\left(1 + \sqrt{\frac{h}{gT^2}}\right)} \right\} \tag{B.31}$$

付録C 海岸工学を学ぶ際に覚えていると便利な事項

● 沖波波長 L_0

$$L_0 = 1.56T^2 \,[\mathrm{m}]$$

ここで，T：波の周期 [s] です．波の周期は不変であるとして取り扱うため，上式で沖波波長を求められます．周期 10 s の波では，沖波波長は 156 m になります．

　微小振幅波理論を使って波の浅水変形を求める際には h/L_0（h：水深）を用いて水深の変化を無次元化して表すことが多いので，L_0 を簡単に求められることは非常に大切です．

● 長波の波速 C

$$C = \sqrt{gh} \,[\mathrm{m/s}]$$

ここで g：重力加速度 $9.80\,[\mathrm{m/s^2}]$，h：水深 [m] です．津波や高潮による海面上昇は，波長が水深に対して十分に長い，長波の状態に相当し，波速は水深がわかると計算することができます．したがって津波が起こる前からその速度は計算可能で，津波の到達時間は比較的簡単に予測することができます．

● 沖での波群の速度（群速度）C_{g0}

$$C_{g0} = 0.78T \,[\mathrm{m/s}]$$

ここで，T：波の周期 [s] です．沖（深海域）では一つひとつの波は $C_0 = 1.56T$ で進みます．ところが，波全体のグループとしては，進行中に先頭の波にエネルギーの供給が追い付かないために前方の波が次々に消えていき，代わりに後方に新しい波が作られます．このため，波のグループの中心はちょうどその半分の速度 $0.78T$ で進んでいくことになります．

● 海岸工学でよく出てくる四つのパラメータ

1) H/L（波高/波長，波形勾配）
2) h/L_0（水深/沖波波長）：波が岸に向かって進行し，水深が浅くなることを表します．
3) Fr（フルード数）：波の現象は重力が支配的のため，模型実験を行う場合にはフルード数が原型と模型で等しくなるように条件を整えます．
4) ψ（シールズ数）：底質の移動を考える際には，底質を動かそうとする力と，止めようとする力の比であるシールズ数を用います．シールズ数が大きいほど，砂は動きやすく，海岸侵食が発生しやすくなります．

**演習問題
解答**

1 章

1.1 (1) 付録 B.3 節で説明している数値計算による波長の計算を基に計算すると，波長 $L = 39.0\,\text{m}$，波速 $C = 7.8\,\text{m/s}$ が得られます.

(2) 相対水深の値を計算すると，$h/L = 30.0/39.0 = 0.77 > 1/2$ であるので，この波は深海波に分類されることがわかります.

(3) 式 (1.33) より，流速の水平方向成分の最大値 $u_{\max}$ は次式で表されることがわかります.

$$u_{\max} = \frac{\sigma H}{2} \frac{\cosh k(h+z)}{\sinh kh}$$

この式を基に，底面 $(z = -h)$ から水面 $(z = 0)$ までの $u_{\max}$ の値を計算してその鉛直方向分布を描くと，解図 1 のようになります. 深海波であるため，水面から底面に向かって $u_{\max}$ は小さくなっていき，底面ではほぼ 0 になっていることがわかります. 深海波の場合には，流速の鉛直方向成分の最大値 $w_{\max}$ の分布は $u_{\max}$ の分布とほぼ同じになります. この問題では深海波の場合の流速の鉛直分布を見てみましたが，波の条件を変えて浅海波や長波の場合にどうなるかも見てみてください.

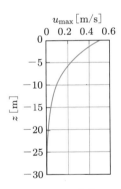

解図 1 　流速の水平方向成分の最大値 $u_{\max}$ の鉛直方向分布

1.2 (1) 式 (1.26) と式 (1.27) より，$L_0 = 112.7\,\text{m}$ と $C_0 = 13.3\,\text{m/s}$ が得られます.

(2) 付録 B で説明している数値計算による波長の計算を基に計算すると，波長 $L = 56.7\,\text{m}$，波速 $C = 6.67\,\text{m/s}$ が得られます. 波高については，式 (1.63) を用いて浅水係数を計算すると $K_s = 1.04$ が得られるので，$H = K_s H_0 = 1.04\,\text{m}$ であることがわかります.

(3) 図 1.13 からわかるように，浅水係数 K_s は 1 を超えた後，岸に進むにつれて大きくなっていきます. (2) で求めたように，水深 $h = 5.0\,\text{m}$ の地点での浅水係数は $K_s = 1.04$ である

ので，これより浅い海域では波高が次第に大きくなり，やがて砕波が生じます．合田の砕波指標である式 (1.64) からは，ある水深において砕波が生じる際の波高 H_b を求めることができますので，水深 $h = 5.0\,\mathrm{m}$ から $0.1\,\mathrm{m}$ 刻みで水深を小さくしていき，それぞれの水深における浅水係数 K_s と波高 H，および合田の砕波指標から求まる砕波が生じる際の波高 H_b を求めると，水深が $1.6\,\mathrm{m}$ の地点ではじめて H が H_b より大きくなることがわかります．よって，$h_b = 1.6\,\mathrm{m}$ であることがわかります．

1.3 (1) 直線の等深線が平行に並んでいるような海域における波の屈折を考える際には，式 (1.75) で屈折角 β，式 (1.76) で屈折係数 K_r を求めることができます．波高 H を求めるためには，式 (1.73) にあるように浅水係数 K_s も必要です．式に値を代入して求めることもできますが，ここでは算定図を用いてこれらを求めてみましょう．

　算定図を用いる際には，h/L_0 の値が必要です．これを計算すると，$h_1/L_0 = 10.0/(1.56 \times 10.3^2) = 0.06$ になります．この値を基に，図 1.20 より屈折角と屈折係数を読み取ると，$\beta_1 = 17°$，$K_r = 0.95$ であることがわかります．さらに，図 1.13 より浅水係数を読み取ると，$K_s = 0.99$ であることがわかります．したがって，波高は $H_1 = K_s K_r H_0 = 0.99 \times 0.95 \times 2.0 = 1.9\,\mathrm{m}$ と計算することができます．

(2) $h_2/L_0 = 5.0/(1.56 \times 10.3^2) = 0.03$ であるので，この値を基に，(1) と同様に算定図を用いると，$\beta_2 = 12°$，$K_r = 0.94$，$K_s = 1.12$ であることがわかります．したがって，波高は $H_2 = K_s K_r H_0 = 1.12 \times 0.94 \times 2.0 = 2.1\,\mathrm{m}$ と計算することができます．

1.4 (1) 得られた波高と周期の対を波高の大きい順に並び替え，波高の大きい上位 $1/3$ までの対を取り出し，それらの対の波高と周期を平均した値が有義波高と有義波周期になります．この波形には 30 個の波高と周期の対が含まれているので，波高の大きい上位 10 個の対を取り出して，波高と周期の平均をそれぞれ求めることになります．計算すると，有義波高 $H_{1/3} = 2.80\,\mathrm{m}$，有義波周期 $T_{1/3} = 5.7\,\mathrm{s}$ であることがわかります．

(2) 波高の度数分布を描くと解図 2 のようになります．図にはレイリー分布を重ねて描いてありますが，おおむねレイリー分布に従っていることがわかります．

1.5 (1) 3 時の時点では，風速 $U_1 = 16\,\mathrm{m/s}$ と吹送時間 $t = 3\,\mathrm{hr}$ で読み取った値と，風速

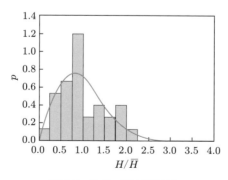

解図 2　波高の相対度数分布

$U_1 = 16\,\mathrm{m/s}$ と吹送距離 $F_1 = 80\,\mathrm{km}$ で読み取った値を比べ，小さいほうになります．読み取ると，風速と吹送時間で読み取った値のほうが小さく，有義波高 $H_{1/3} = 1.7\,\mathrm{m}$，有義波周期 $T_{1/3} = 4.6\,\mathrm{s}$ であることがわかります．

　6 時の時点では，風速 $U_1 = 16\,\mathrm{m/s}$ と吹送時間 $t = 6\,\mathrm{hr}$ で読み取った値と，風速 $U_1 = 16\,\mathrm{m/s}$ と吹送距離 $F_1 = 80\,\mathrm{km}$ で読み取った値を比べ，小さいほうになります．読み取ると，風速と吹送時間で読み取った値のほうが小さく，有義波高 $H_{1/3} = 2.5\,\mathrm{m}$，有義波周期 $T_{1/3} = 5.8\,\mathrm{s}$ であることがわかります．

(2) 6 時を境に風の状況が変化しており，このような場合は図中の等エネルギー線を用いる必要があります．0 時から 6 時までの間に風速 $U_1 = 16\,\mathrm{m/s}$ の風からエネルギーを受け取っていますが，これを風速 $U_2 = 22\,\mathrm{m/s}$ の風から受け取っていたとすると，何時間ぶんのエネルギーに相当するかを等エネルギー線を用いて求めます．風速 $U_1 = 16\,\mathrm{m/s}$ と吹送時間 $t = 6\,\mathrm{hr}$ にあたる点から，等エネルギー線に沿って図中を風速 $U_2 = 22\,\mathrm{m/s}$ の位置まで移動すると，風速 $U_2 = 22\,\mathrm{m/s}$ と吹送時間 $t = 2.8\,\mathrm{hr}$ にあたる点にたどり着きます．したがって，0 時から 6 時までの間に風から受け取ったエネルギーは，風速 $U_2 = 22\,\mathrm{m/s}$ の風に換算すると 2.8 時間分にあたることがわかります．6 時以降はこれを踏まえて読み取っていくことになります．

　9 時の時点では，風速 $U_2 = 22\,\mathrm{m/s}$ と吹送時間 $t = 5.8\,\mathrm{hr}$ で読み取った値と，風速 $U_2 = 22\,\mathrm{m/s}$ と吹送距離 $F_2 = 100\,\mathrm{km}$ で読み取った値を比べ，小さいほうになります．読み取ると，風速と吹送時間で読み取った値のほうが小さく，有義波高 $H_{1/3} = 3.7\,\mathrm{m}$，有義波周期 $T_{1/3} = 7.0\,\mathrm{s}$ であることがわかります．

　12 時の時点では，風速 $U_2 = 22\,\mathrm{m/s}$ と吹送時間 $t = 8.8\,\mathrm{hr}$ で読み取った値と，風速 $U_2 = 22\,\mathrm{m/s}$ と吹送距離 $F_2 = 100\,\mathrm{km}$ で読み取った値を比べ，小さいほうになります．読み取ると，風速と吹送距離で読み取った値のほうが小さく，有義波高 $H_{1/3} = 4.2\,\mathrm{m}$，有義波周期 $T_{1/3} = 7.4\,\mathrm{s}$ であることがわかります．

1.6　(1) 1 次モードの変動を引き起こす波の周期は式 (1.108) で与えられるので，この式を用いて計算すると，$T_1 = 1866\,\mathrm{s}$ であることがわかります．すなわち，30 分程度の周期をもつ波がこの海域に進入してくると，1 次モードの変動が引き起こされることがわかります．

(2) 2 次モードの変動を引き起こす波の周期は式 (1.109) で与えられるので，この式を用いて計算すると，$T_2 = 622\,\mathrm{s}$ であることがわかります．すなわち，10 分程度の周期をもつ波がこの海域に進入してくると，2 次モードの変動が引き起こされることがわかります．

2 章

2.1　グリーンの公式より，次のようになります．

$$\eta = \eta_0 \left(\frac{h_0}{h}\right)^{1/4} \left(\frac{b_0}{b}\right)^{1/2} = 1 \times \left(\frac{3000}{10}\right)^{1/4} \left(\frac{1000}{200}\right)^{1/2} = 9.3\,\mathrm{m}$$

2.2　(1) 東京における 2019 年 8 月 26 日 15 時の天文潮位は，0.48 m です．

(2) 気圧低下による吸い上げは，およそ $0.0099\,\mathrm{m/hPa} \times (1013 - 920)\,\mathrm{hPa} = 0.92\,\mathrm{m}$ とな

ります.

(3) 風波によるセットアップの成分は,数 cm〜十数 cm 程度です.

(4) したがって,風による吹き寄せの成分は,3.5 m の高潮の高さから (1)〜(3) の成分を除いた,1.9〜2.1 m 程度になります.

2.3 ペルシャ湾における高潮防災計画の一例を示します.最初に,構造物を用いた防災対策を考えます.ここで,長い海岸線をもつペルシャ湾において海岸構造物を建設することは,費用便益分析的に有効であるかを考えます.これは,高潮災害がどれくらいの再現確率で発生するかを吟味して決定する必要もあります.便益が充分あると判断する場合には,海岸構造物を建設して高潮から海岸域を防護することを計画します.便益が全額としてあまり期待できないようであれば,海岸域に居住しないような地域計画を立案する必要があります.海岸域に居住しないような地域計画を作成するためには,イラン政府が長期間にわたって主導する必要がある場合もあります.また,ペルシャ湾では,高潮に伴う高波も重要であるので,波浪減衰対策や海岸域における海岸侵食対策として養浜することも計画します.

次に,住民の危機意識に関する調査を行います.ペルシャ湾ではこれまでに高潮災害の経験が少ないため,住民の高潮災害に対する認知度は比較的少ないと予想できます.そのため,住民の高潮災害に対する意識を高めるために住民への教育が必要です.成人した住民だけではなく,10 歳以下の子供には義務教育機関において,高潮防災対策への教育を重点的に行います.このようにすることで,高潮防災対策意識が若年層から改善して,将来にかけて高潮災害に対する被害を少なくできる可能性があると考えられます.また,海岸域に居住する住民は避難経路の確認を行う必要があります.また,イランの研究者によっても,統合海岸計画に関する報告がなされています[†].

3 章

3.1 まず沖波波長を計算すると,$L_0 = 9.81 \times 8^2 / 2\pi = 100$ m となります.ここで,完全移動限界水深 h_c を 5.5 m と推定すると,この水深での波長は図 B.2 より $h_c/L_0 = 0.055$ のとき $h_c/L = 0.1$ と読めることから,$L = 55$ m となります(式 (B.31) を使って算出してもかまいません).式 (3.12) にこれらの値を代入すると,左辺 = 右辺 = 0.02 となり,5.5 m が正しい値であることがわかります.

3.2 沖波波長を計算すると,$L_0 = 9.81 \times 10^2 / 2\pi = 156$ m となります.次に,式 (3.22) に与えられた値を代入し C を求めると,

$$C = \frac{2.0}{156} \times \frac{1}{(0.0125)^{-0.27}(0.0002/156)^{0.67}} = 34.8$$

となります.よって,現地スケールでのしきい値 18 よりも大きいことから侵食型となります.

3.3 式 (3.30) より,次のようになります.

[†] Pak A., Farajzadeh, M. (2007): Iran's Integrated Coastal Management plan: Persian Gulf, Oman Sea, and southern Caspian Sea coastlines, Ocean & Coastal Management, 50(9), 754–773.

$$Q_y = \frac{0.39}{(2560 - 1030) \times 9.81} \left(\frac{1}{8} \times 1030 \times 9.81 \times 1.5^2 \right) \sqrt{9.81 \times 2} \sin 30^\circ$$
$$\times \cos 30^\circ = 0.1416 \, \text{m}^3/\text{s} = 12230 \, \text{m}^3/\text{日}$$

4 章

4.1 解図 3 は，嵩上げを行うケーソン上部工の単位体積重量を $2100 \, \text{kg/m}^3$ と仮定し，天端を少しずつ上げながら滑動安全率を計算した結果です．この場合，天端高を $+10 \, \text{m}$ 以上にすることで安全率を 1.2 以上にできることがわかります．防波堤が高くなっていくと，波を受ける受圧面が広くなるため波力は大きくなっていきますが，重量増加に伴う水平抵抗力増加の寄与のほうが大きく，全体的に安全率は増加していきます．

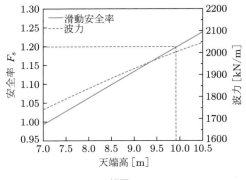

解図 3

4.2 この例では，波高は指定されておらず色々な高さを想定できます．しかし，水深が $5 \, \text{m}$ と比較的浅いため，波高の上限値は砕波により制限されると考えられます．そこで，式 (1.64) を使用して砕波限界波高を求めます．$h_b = 5 \, \text{m}$ と $L_0 = 250 \, \text{m}$ の比は，$h_b/L_0 = 0.02$ であり，この無次元数を図 1.14 に適用すると，縦軸の波高水深比 H_b/h が 0.8 と求められます．すなわち，$0.8 \times 5 = 4 \, \text{m}$ がこの条件における最大波高と推定できます．

　次に，図 4.17，4.18 より K_D，K_M を読み取ります．式 (1.30) より $L_0 = 250 \, \text{m}$ に対する周期 $T = 12.7 \, \text{s}$ と求められます．この波は水深 $5 \, \text{m}$ の場所では，式 (1.22) あるいは図 1.4 を適用すると $L = 87 \, \text{m}$ に縮まることがわかります．これにより，図 4.17 の $h/L \fallingdotseq 0.06$，図 4.18 の $H/L \fallingdotseq 0.05$ となり，$K_D = 0.6$，$K_M = 0.12$ と読み取ることができます．円柱の抗力係数を $C_D = 1.2$，質量係数 $C_M = 1.0$ とおくと，式 (4.34)，(4.35) より抗力と慣性力がおのおの $67.8 \, \text{kN}$，$3.4 \, \text{kN}$ と計算されます．

4.3 石の比重を 2.5 としてハドソン式 (4.28) を適用すると，約 2.3 トンの重さが必要であることがわかります．

4.4 例として，法面勾配を $1:2$，防波堤の天端幅を $10 \, \text{m}$ としたときの静穏度を満たす天端高を考えます．周期 $10 \, \text{s}$ の波では $L_0 = 156 \, \text{m}$ となり，$\xi = 2.8$ と計算されます．天端高が

2.5 m の場合，式 (4.30) に代入して透過率 K_t を計算すると 0.19 となるため，$H = 5$ m に対して透過波高は 1 m 以下となります．ただし，実際には港口からも波は入ってくるため，その影響も考えなくてはいけません．

5 章

5.1　大阪湾の埋め立ては，江戸時代からよく行われてきました．大阪湾は江戸時代より海航船が多く来航しており，港の施設ために江戸時代から大規模な埋め立てが行われています．これは東京湾の事例と同様です．次に，高度成長期においては，大規模な埋め立てが行われています．また，現在も埋め立ての認可が下りている領域も存在しており，埋め立ての事業は継続して行われています．これも東京湾の埋め立ての状況とよく似ています．このように，東京湾と大阪湾の埋め立ての傾向に関しては類似点が多いと言えます．

5.2　植物性プランクトンの大量発生により二つのシナリオが考えられます．① 植物性プランクトンの大量発生に伴って動物性プランクトンも大量発生した場合と，② 赤潮・青潮の発生によって，第 1 次消費者や高次消費者が大量に死滅した場合に分けることができます．

　①の場合では，動物性プランクトン（1 次消費者）の増加に伴って，高度消費者の数も増加すると考えられます．1 次消費者が増加したため，植物性プランクトンの数は次第に減少します．また，高度消費者の数が増加したため，1 次消費者の数が減少して，よって高度消費者の数も次第に減少します．このようにして生態系ピラミッドはもとの形状に次第に戻ると考えられます．

　②の場合では，第 1 次消費者と高度消費者が多く死滅しますので，分解者の役割が多くなります．分解者の数の増加に伴って，生産者である植物性プランクトンの数も多くなります．さらに，動物性プランクトン（1 次消費者）の数が減少しているので，これによっても生産者である植物性プランクトンの数は少し増加します．その後，1 次消費者や高度消費者の数も少しずつ増加します．ただし，完全に生態系ピラミッドがもとの形状に戻るには，1 次消費者や高次消費者の数が増加する必要があるため，時間がかかると考えられます．このように，赤潮・青潮が発生すると，生態系ピラミッドが大きく変化してしまい，消費者の数の回復には時間がかかる可能性があると考えられます．

5.3　アサリは主として閉鎖性水域に生息しており，魚類と比較すると移動が遅いため，温暖化よる海水温度の変化の影響を受けやすいと考えられます．アサリの産卵は海水温 20°C 前後で行われるとされていますので，この時期がずれる可能性があります．また，アサリの幼生の成長にも水温が密接に関係するとされており，成長速度にも変化が現れると考えられます．高い水温では成長速度が早いと考えられていますが，他方で水温 25°C 以上では成長速度が鈍化します．また，生態系の変化も考えなければならず，アサリの餌となるプランクトン類の変化による個体数の変化も考慮する必要があります．

5.4　温暖化後に沿岸域の災害がどのように変化するかに関しては，数多くの議論が行われています．最初に，温暖化後の沿岸域災害変動を引き起こす大気・海洋物理場の変化に関する不確実性があります．そもそも温暖化予測のシナリオは，IPCC AR5 では 4 シナリオが存

在しますので，どのシナリオが現実となるかという未来のシナリオに対する不確実性があります．次に，大気海洋物理場の将来予測に関しては，全球大気循環モデルによっても差異があり，モデルの出力結果に対する不確実性があります．この中でも，極端気象現象の予測は大きな不確実性が伴うとされています．また，沿岸域災害に大きな影響を及ぼすとされる海面上昇については，その定量的な予測には気温の変化などに起因する不確実性が伴うとされており，RCP8.5 シナリオにおいても約 0.5 m 以上の差異があるとされています．このように，温暖化後の沿岸域の災害の予測には不確実性が伴うため，不確実性についても議論しながら将来の沿岸域の災害を定量的に予測する必要があると考えられます．

付録 A

A.1 流線を図示するためには，流れ関数の式を使う必要があります．まず，流れ場に流れ関数が存在するか連続式を用いて確かめます．

$$\frac{\partial u}{\partial x} + \frac{\partial v}{\partial y} = \frac{\partial}{\partial x}(2ay) + \frac{\partial}{\partial y}(2ax) = 0 + 0 = 0$$

以上より，連続式を満たすことが確認できました．流れ関数の定義より，

$$u = -\frac{\partial \psi}{\partial y} = 2ay, \quad v = \frac{\partial \psi}{\partial x} = 2ax \tag{1}$$

ですので，第 1 式を y 方向に積分すると，

$$\psi = -ay^2 + f(x)$$

となります．ここで，上式を x 方向に微分した式と式 (1) の第 2 式を比較することで，流れ関数は

$$\psi = a(-y^2 + x^2)$$

となります．流線を描くために整理すると，

$$-y^2 + x^2 = \frac{\psi}{a}$$

となります．流れ関数の値を 0，$\pm a$，$\pm 2a$，$\pm 3a$ の場合について流線を描けば，解図 4 が得

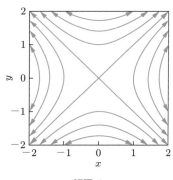

解図 4

られます.

A.2 流れ方向（x 方向）にナビエ・ストークスの方程式を適用し，流速 u の分布を考えます．流れ場は定常状態で，上下の板の幅は一定ですから，x 方向には流速が変化しないため，ナビエ・ストークスの方程式の左辺は 0 となります（つまり，加速度は 0）．重力は z 方向に作用すると考えれば，x 方向の質量力は 0 です．ここから，ナビエ・ストークスの方程式は，

$$0 = -\frac{1}{\rho}\frac{\partial p}{\partial x} + v\left(\frac{\partial^2 u}{\partial z^2}\right)$$

となります．これを z 方向に積分し，両端で $u = 0$ を境界条件として与えれば，

$$u = -\frac{z}{2\mu}(a - z)\frac{\partial p}{\partial x}$$

が得られます．これは平行平板間の流速分布で，式から流速分布は解図 5 のような放物線分布になることがわかります．この流れは，流体力学でポアズイユ流とよばれる流れです．

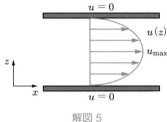

解図 5

参考文献

1章

1) B. Kinsman: "Wind waves - their generation and propagation on the ocean surface", Prentice-Hall (1965)

2) N.F. バーバー：“水の波（モダンサイエンスシリーズ）”，共立出版（1974）

3) T. Shibayama: "Coastal processes - concepts in coastal engineering and their applications to multifarious environments", World Scientific (2009)

4) 合田良実：“工学的応用のための砕波統計量データの再整理”，海岸工学論文集，第 54 巻, pp.81–85 (2007)

5) 合田良実：“防波堤の設計波圧に関する研究”，港湾技術研究所報告，第 12 巻，第 3 号, pp.31–69 (1973)

6) J.A. Battjes: "Surf similarity", Proceedings of the 14th International Conference on Coastal Engineering, Copenhagen, Denmark, pp.466–480 (1974)

7) ウィラード・バスカム（吉田耕造・内尾高保訳）：“海洋の科学 海面と海岸の力学”，河出書房新社（1970）

8) 土木学会水工学委員会水理公式集編集小委員会編：“水理公式集 [2018 年版]”，土木学会（2019）

9) M. Van Dyke: "An album of fluid motion", The Parabolic Press (1982)

10) H.U. Sverdrup and W.H. Munk: "Wind, sea, and swell - theory of relations for forecasting", H. O. Pub. No.601, Hydrographic Office, United States Navy Department (1947)

11) 合田良実：“耐波工学 港湾・海岸構造物の耐波設計”，鹿島出版会（2008）

12) 土木学会水理委員会水理公式集改訂小委員会編：“水理公式集 [平成 11 年版]”，土木学会（1999）

13) M.S. Longuet-Higgins and R.W. Stewart: "Radiation stress in water waves; a physical discussion with applications", Deep-Sea Research, Vol.11, pp.529–562 (1964)

14) F.P. Shepard and D.L. Inman: "Nearshore circulation", Proceedings of the 1st Conference on Coastal Engineering, Longbeach, California, pp.50–59 (1950)

15) M.S. Longuet-Higgins: "Longshore currents generated by obliquely incident sea waves, 1 & 2", Journal of Geophyscial Research, Vol.75, No.33, pp.6778–6789 & 6790–6801 (1970)

16) 気象庁：“潮汐観測資料 東京（TOKYO）”，https://www.data.jma.go.jp/gmd/kaiyou/db/tide/genbo/genbo.php?stn=TK（2019 年 9 月 3 日現在）

17) 気象庁：“潮位表 解説”，https://www.data.jma.go.jp/kaiyou/db/tide/suisan/explanation.html（2019 年 9 月 16 日現在）

18) 気象庁：“潮位表掲載地点一覧表（2019 年）”，https://www.data.jma.go.jp/gmd/kaiyou/db/tide/suisan/station.php（2019 年 9 月 16 日現在）

19) 東京都港湾局：“平成 31 年 東京港 24 時間潮位表”，https://www.kouwan.metro.tokyo.lg.jp/yakuwari/choui/index.html（2019 年 9 月 16 日現在）

20) 海上保安庁海洋情報部：“リアルタイム験潮データ 長崎”，https://www1.kaiho.mlit.go.jp/

KANKYO/TIDE/real_time_tide/sel/8208.htm（2019 年 3 月 25 日現在）

21) 気象庁：“潮位表 長崎（NAGASAKI）”，https://www.data.jma.go.jp/gmd/kaiyou/db/
tide/suisan/suisan.php?stn=NS（2019 年 9 月 17 日現在）

2 章

1) 気象庁：「平成 23 年（2011 年）東北地方太平洋沖地震」について（第 28 報，2011），
https://www.jma.go.jp/jma/press/1103/25b/201103251730.html（2021 年 2 月 25 日参
照）

2) T. Shibayama et al.: "Disaster survey of Indian Ocean tsunami in south coast of Sri
Lanka and Aceh, Indonesia", Proceedings of the 30th International Conference on
Coastal Engineering, San Diego, California, pp.1469–1476 (2006)

3) 首藤伸夫，今村文彦，越村俊一，佐竹健治，松冨英夫（編集）：“津波の事典 （縮刷版）”，朝倉書
店（2011）

4) 柴山知也 編著，高木泰士，鈴木崇之，三上貴仁，高畠知行，中村亮太，松丸亮 共著：“水理学解
説”，コロナ社（2019）

5) 柴山知也：“3.11 津波で何が起きたか──被害調査と減災戦略”，早稲田大学出版部（2011）

6) T. Mikami et al.: "Field survey of the 2018 Sulawesi Tsunami: inundation and run-up
heights and damage to coastal communities", Pure and Applied Geophysics, Vol.176,
No.8, pp.3291–3304 (2019)

7) A. Harnantyari et al.: "Tsunami awareness and evacuation behaviour during the
2018 Sulawesi Earthquake tsunami", International Journal of Disaster Risk Reduc-
tion, Vol.43, 101389 (2020)

8) T. Takabatake et al. "Field Survey and Evacuation Behaviour during the 2018 Sunda
Strait Tsunami", Coastal Engineering Journal, Vol.61, No.4, pp.423–443 (2019)

9) F. Dahdouh-Guebas et al.: "How effective were mangroves as a defence against the
recent tsunami?", Current Biology, Vol.15(12), pp.443–447 (2005)

10) K. Kathiresan, N. Rajendran: "Coastal mangrove forests mitigated tsunami, Estuar-
ine", Coastal and Shelf Science, 65, pp.601–606 (2005)

11) B. Keim, D. Sathiaraj and V. Brown: "SURGEDAT", The World's Storm Surge Data
Center, [http://surge.srcc.lsu.edu/] (2019)

12) V.A. Myers and W. Malkin: "Some properties of hurricane wind field as deduced from
trajectories", NHRP Report No.49, 45p (1961)

13) G.J. Holland: "An analysis of wind and pressures profile in hurricane", Mon. Wea.
Rev. Vol.108, No.8, pp.1212–1218 (1980)

14) 井島武：“波浪の数値予測”，土木学会水工学夏季研修会講義集，02-1〜02-30，(1968)

15) 中村亮太，岩本匠夢，柴山知也，三上貴仁，松葉俊哉，Martin Mäll，舘小路晃史，田野倉祐介：
“2014 年 12 月に北海道で発生した温帯低気圧による根室の高潮被害の現地調査と発生機構の解
明”，土木学会論文集 B3（海洋開発），Vol.71，No.2，pp.I_31–I_36（2015）

16) K. Saito, T. Fujita, Y. Yamada, J. Ishida, K. Kumagai, K. Aranami, S. Ohmori,
R. Nagasawa, S. Kumagai, C. Muroi, T. Kato, H. Eito and Y. Yamazaki: "The
operational JMA nonhydrostatic mesoscale model", Mon. Wea. Rev. Vol.134 pp.1266–
1298 (2006)

17) 高野洋雄：“新用語解説気象津波（meteo-tsunami)”，天気，Vol.61，No.6，pp.58–60 (2006)

18) 西村仁嗣，研究現況レビュー委員会："海岸波動—波・構造物・地盤の相互作用の解析法—"，土木学会（1994）

19) H. Mase, K. Oki, T.S. Hedges and H.J. Li: "Extended energy-balance-equation wave model for multidirectional random wave transformation", Ocean Engineering, Vol.32, No.8–9, pp.961–985 (2005)

20) N.R. Booij, R.C. Ris and L.H. Holthuijsen: "A thirdgeneration wave model for coastal regions, Part I, Model description and validation", JGR:Oceans, Vol.104, No.C4, pp.7649–7666 (1999)

21) 冨田宏，早稲田卓爾，川村隆文，林昌奎："巨大海洋波・Freak Wave の発生機構の解明と予測—海洋流体力学の一章として—"，ながれ，Vol.25，pp.39–48（2006）

22) L. Milanesi, M. Pilotti and B. Bacchi: "Using web-based observations to identify thresholds of a person's stability in a flow", Water Resources Research, Vol. 52, Issue 10, pp.7793–7805 (2016)

23) R.A. Karvonen, H.K. Hepojoki, H.K. Huhta and A. Louhio: "The use of physical models in dam-break flood analysis, development of Rescue Actions Based on Dam-Break Flood Analysis (RESCDAM)", Final report of Helsinki University of Technology, Finnish Environment Institute, http://ec.europa.eu/echo/files/civil_protection/civil/act_prog_rep/rescdam-rapportfin.pdf. (2000)（2019 年 8 月 5 日現在）

24) S.N. Jonkman and E. Penning-Rowsell: "Human instability in flood flows", J. Am. Water. Resour. As. Vol.44, No..5 (2008)

25) T. Yasuda, S. Nakajo, S.-Y. Kim, H. Mase, N. Mori and K. Horsburgh: "Evaluation of future storm surge risk in East Asia based on state-of-the-art climate change projection," Coast. Eng., Vol.83, pp.65–71 (2014)

26) 柴山知也，田島芳満，柿沼太郎，信岡尚道，安田誠宏，アフサン ラクイブ・ラフマン，ミザヌール・イスラム シャリフル，"サイクロン Sidr によるバングラデシュ海岸・河川高潮災害の現地調査"，海岸工学論文集，Vol.55，pp.1396–1400（2008）

27) 三上貴仁，柴山知也，Miguel Esteban："2012 年ハリケーンサンディによる高潮災害のニューヨークにおける現地調査に基づく臨海都市域の浸水災害と減災策に関する考察"，土木学会論文集 B3（海洋開発），Vol.69，No.2，pp.I_982–I_987 (2013)

28) T. Mikami, T. Shibayama, H. Takagi, R. Matsumaru, M. Esteban, N.D. Thao, M.D. Leon, V.P. Valenzuela, T. Oyama, R. Nakamura, K. Kumagai and S. Li: "Storm Surge Heights and Damage Caused by the 2013 Typhoon Haiyan along the Leyte Gulf Coast", Coast. Eng. J., Vol.58, No.1, pp.1640005-1–27 (2016)

29) H. Takagi, M. Esteban, T. Shibayama, T. Mikami, R. Matsumaru, M.D. Leon, N.D. Thao, T. Oyama T and R. Nakamura: "Track analysis, simulation, and field survey of the 2013 Typhoon Haiyan storm surge", Journal of Flood Risk Management Vol.10, pp.42–52 (2017)

30) R. Nakamura, T. Shibayama, M. Esteban and T. Iwamoto: Future typhoon and storm surges under different global warming scenarios: case study of typhoon Haiyan (2013), Natural Hazards, Vol.82, No.3, pp.1645–1681 (2016)

31) R. Nakamura and T. Shibayama: "Ensemble forecast of extreme storm surge: a case study of 2013 typhoon Haiyan. Coastal Engineering Proceedings (ICCE), Vol.1, No.35

(2016)

32) N. Mori, M. Kato, S. Kim, H. Mase, Y. Shibutani, T. Takemi, K. Tsuboki and T. Yasuda, "Local amplification of storm surge by Super Typhoon Haiyan in Leyte Gulf", Geophysical Research Letters, Vol.41, No.14, pp.5106–5113 (2014)

33) V. Roeber and J.D. Bricker: "Destructive tsunami-like wave generated by surf beat over a coral reef during Typhoon Haiyan", Nat. Commun., Vol.6, No.7854 (2015)

34) R. Nakamura, M. Mäll and T. Shibayama: "Street-scale storm surge load impact assessment using fine-resolution numerical modelling: a case study from Nemuro, Japan", Natural Hazards, Vol.99, pp.391–422 (2019)

3章

1) 堀川清司：“海浜変形予測手法の開発について”，海岸，pp.45–49 (1977)

2) 柴山知也・茅根創：“図説日本の海岸”，朝倉書店 (2013)

3) 栗山善昭：“海浜変形”，技報堂出版 (2006)

4) 地盤工学会：“地盤材料試験の方法と解説”，地盤工学会 (2009)

5) I.G. Jonsson: "A new approach to oscillatory rough turbulent boundary layers", Ocean Engineering, 7(1), pp.109–152 (1980)

6) R. Soulsby: "Dynamics of marine sands: a manual for practical applications", Thomas Telford (1997)

7) 佐藤昭二：“漂砂”，水工学に関する夏期研修会講義集，B 海岸・港湾コース，pp.19_1-19_229 (1966)

8) 柴山知也：“漂砂の機構”，海岸環境工学，東京大学出版 (1985)

9) P. Nielsen: "Coastal bottom boundary layers and sediment transport (Vol. 4)", World Scientific (1992)

10) W.W. Rubey: "Settling velocity of gravel, sand, and silt particles", American Journal of Science, 148, pp.325–338 (1933)

11) P.Y. Julien: "River mechanics", Cambridge, UK: Cambridge University Press (2002)

12) 佐藤愼司：“飛砂”，水理公式集，土木学会，pp.673–674 (2018)

13) T. Shibayama: "Coastal Processes", World Scientific (2009)

14) 栗山善昭：“沿岸砂州の長期変動特性と底質移動特性”，土木学会論文集，677，pp.115–128 (2001)

15) 砂村継夫：“海浜縦断面形状のタイプ分けに関する研究”，筑波大学水理実験センター報告，15，pp.33–39 (1991)

16) 田中則男：“日本沿岸の漂砂特性と沿岸構造物築造に伴う地形変化に関する研究”，港湾技研資料，453 (1983)

17) 鈴木崇之，栗山善昭：“汀線位置の長周期変動特性および汀線位置変動の変化量に及ぼす沖波エネルギーフラックスと沿岸流速の影響”，港湾空港技術研究所報告，47(3)，pp.3–30 (2008)

18) O.S. Madsen and W.D. Grant: "Quantitative description of sediment transport by waves", Proc. of the 15th International Conference on Coastal Engineering, pp.1093–1112 (1976)

19) 渡辺晃：“海浜流と海浜変形の数値シミュレーション”，第28回海岸工学講演会論文集，pp.285–289 (1981)

20) J.M. Caldwell: "Wave action and sand movement near Anaheim Bay", California, Tech. Memo. No. 68, U.S. Army Corps Eng., Beach Erosion Board (1956)

21) D.L. Inman and R.A. Bagnold: "Beach and nearshore processes", part II: Littoral processes, M.N. Hill (Ed.), The Sea., 3, Wiley-Interscience (1963)

22) M.S. Longuet-Higgins: "Longshore currents generated by obliquely incident sea waves: 1", Journal of Geophysical Research, 75(33), pp.6778–6789 (1970)

23) P.D. Komar and D.L. Inman: "Longshore sand transport on beaches", Journal of Geophysical Research, 75(30), pp.5914–5927 (1970)

24) 小笹博昭, A.H. Brampton："護岸のある海浜の汀線変化数値計算", 港湾技術研究所報告, 18(4), pp.77–103 (1979)

25) 宇多高明："海岸侵食の実態と解決策", 山海堂 (2004)

26) 柴山知也, 柴山真琴, 東江隆夫："途上国の発展段階に位置づけた海岸問題発現の比較研究", 海岸工学論文集, 43, pp.1291–1295 (1996)

27) 柴山知也, 泉正寿, 佐藤映, 澤野靖, 平尾淳："秋谷海岸礫養浜の経過とその評価", 土木学会論文集 B2 (海岸工学), 71(2), pp.I_769–I_774 (2015)

4 章

1) 資源エネルギー庁："日本のエネルギー" (2017)

2) 日本海事センター："SHIPPING NOW 2018–2019" (2019)

3) 川田忠彦："木材チップ資源の開発と海運", 国際臨海開発研究センター (2009)

4) 国土交通省：第 16 回離島振興対策分科会配布資料 (2018)

5) 合田良実："土木と文明", 鹿島出版会 (1996)

6) 矢野恒太記念会："日本国勢図会 2018–19" (2018)

7) 島田正彦："漁船動力化の進展よりみた漁業の地域性について", 人文地理 (1964)

8) 川口毅："漁港工学概論", 成山堂書店 (2005)

9) 国土交通省港湾局："東日本大震災における港湾の被災から復興まで～震災の記録と今後の課題・改善点～", 交通政策審議会第 48 回港湾分科会資料 (2012)

10) 合田良実："耐波工学 港湾・海岸構造物の耐波設計", 鹿島出版会 (2008)

11) K. Tanimoto, Y. Goda: "Historical development of breakwater structures in the world", Coastal structures and breakwaters, Thomas Thelford, London (1991)

12) 伊藤喜行, 藤島睦, 北谷高雄："防波堤の安定性に関する研究", 港湾技術研究所報告, 第 5 巻, 第 14 号 (1966)

13) H. Oumeraci: "Review and analysis of vertical breakwaters failures - lessons learned", J. Coastal Eng., Vol.22, pp.3–29 (1994)

14) 沿岸技術研究センター："根入れを有するケーソン工法の技術マニュアル" (2019)

15) 広井勇："波力の推定法に就て", 土木学会誌, Vol.6(2), pp.435–449 (1920)

16) 合田良実："防波堤の設計波圧に関する研究", 港湾技術研究所報告, 第 12 巻, 第 3 号, pp.31–69 (1973)

17) 日本港湾協会："港湾の施設の技術上の基準・同解説（上巻）" (2018)

18) 高橋重雄, 谷本勝利, 下迫健一郎, 細山田得三："混成防波堤のマウンド形状による衝撃波力係数の提案", 海岸工学論文集, 第 39 巻, pp.676–680 (1992)

19) 高木泰士："防波堤の信頼性設計法の構築とその応用に関する研究", 横浜国立大学, 博士論文 (2008)

20) 高山知司, 東良宏二郎："防波堤の被災特性に関する統計解析", 海洋開発論文集, 第 18 巻, pp.263–268 (2002)

21) H. Takagi, M. Esteban: "Practical Methods of Estimating Tilting Failure of Caisson Breakwaters using a Monte-Carlo Simulation", Coastal Engineering Journal, 55(3), pp.1–22 (2013)

22) 星谷勝, 石井清: "構造物の信頼性設計法", 鹿島出版会 (1986)

23) 高木泰士, 柏原英広, 柴山知也: "港湾構造物に及ぼす気候変動の影響とその定量的予測：防波堤を対象として", 土木学会論文集 B2 (海岸工学), Vol. 65, No. 1, pp.891–895 (2009)

24) 港湾学術交流会編: "新版港湾工学", 朝倉書店 (2014)

25) 下迫健一郎, 高橋重雄: "期待滑動量を用いた混成防波堤直立部の信頼性設計法", 港湾技術研究所報告, 第 37 巻, 第 3 号, pp.3–30 (1998)

26) 合田良実, 高木泰士: "信頼性設計法におけるケーソン式防波堤設計波高の再現期間の選定", 海岸工学論文集, 第 46 巻, pp.921–925 (1999)

27) 柴山知也 編著, 高木泰士, 鈴木崇之, 三上貴仁, 高畠知行, 中村亮太, 松丸亮 共著："水理学解説", コロナ社 (2019)

28) R.Y. Hudson: "Laboratory Investigation of Rubble-mound Breakwaters", Journal of the Waterways and Harbors Division, Proceedings Paper 2171 (1959)

29) U.S. Army Corps of Engineers: Engineer Manual (1986)

30) J.W. Van der Meer: "Stability of Cubes, Tetrapodes and Accropode", Proc. Breakwaters 1988 Conf.; Design of Breakwaters, 71–80 (1988)

31) P.L.-F Liu (Ed): "Advances in Coastal and Ocean Engineering", World Scientific (2001)

32) 田中則男："天端幅の広い潜堤の波浪減殺および砂浜安定効果について", 海岸工学論文集, Vol.23, pp.152–157 (1976)

33) CIRIA: The Rock Manual. The use of rock in hydraulic engineering (second edition) (2007)

34) J.R. Morison, M.P. O'Brien, J.W. Johnson, S.A. Schaaf: "The Force Exerted by Surface Waves on Piles", Petroleum Transactions, Vol.189 (1950)

35) Y. Goda: "Wave Forces on a Vertical Circular Cylinder: Experiments and a Proposed Method of Wave Force Computation", Report of Port and Habour Technical Research Institute, No.8 (1964)

5 章

1) 小荒井衛, 中埜貴元: "面積調でみる東京湾の埋め立ての変遷と埋立地の問題点", 国土地理院時報, No.124, pp.105–115 (2013)

2) T.A. Le, H. Takagi, M. Heidarzadeh, Y. Takata and A. Takahashi: "Field surveys and numerical simulation of the 2018 typhoon Jebi: impact of high waves and storm surge in semi-enclosed Osaka Bay, Japan", Pure Appl. Geophys., Vo.176, pp.4139–4160 (2019)

3) 環境省: "水質汚濁に係る環境基準", https://www.env.go.jp/kijun/mizu.html (2021 年 2 月 24 日現在)

4) 環境省: "平成 29 年度公共用水域水質測定結果", https://www.env.go.jp/water/suiiki/h29/h29-1.pdf（2021 年 2 月 24 日現在）

5) 川崎浩司, 亀山泰良, 藤原建紀, 鈴木一輝: "三河湾における貧酸素水塊の消長過程に関する数値的研究", 土木学会論文集 B2 (海岸工学), 第 68 巻, pp.1001–1005 (2012)

6) C. Woese, O. Kandler and M. Wheelis: "Towards a natural system of organisms: proposal for the domains Archaea, Bacteria, and Eucarya", PNAS, Vol.87, No.12, pp.4576–4579 (1990)

7) T. Cavalier-Smith: "A revised six-kingdom system of life", Biol. Rev. Camb. Philos. Soc., Vol.73, No.3, pp.203–266 (1998)

8) T.R. Mcclanahan, M. Ateweberhan, C.A. Muhando and J. Maina: "Effects of Climate and Seawater Temprature variation on coral bleaching and mortality", Ecol. Monogr., Vol.77, No.4, pp.503–525 (2007)

9) 石川智士，仁木将人，吉川尚："幡豆の干潟探索ガイドブック"，p.81，東海大学海洋学部総合地球環境研究所（2016）

10) 独立行政法人水産総合研究センター："江戸前の復活！東京湾の再生をめざして"，中央ブロック水産業関係研究開発推進会議東京湾研究会（2013）[http://nrifs.fra.affrc.go.jp/ publication/Tokyowan/PDF/Teigen_H25.pdf]（2021年2月24日現在）

11) 三番瀬再生計画検討会議："三番瀬再生計画案（会長：岡島成行）"，https://www.pref. chiba.lg.jp/kansei/sanbanze/keii/documents/sanbanze-j.pdf（2003）（2021年2月24日現在）

12) 玉上和範，鈴木正俊，松本昭治，鈴木秀男："青潮防止エアレーション装置の効果確認調査"，土木学会第58回年次学術講演会（平成15年9月），VII-321（2003）

13) IPCC: "Summary for Policymakers. In: Climate Change 2013: The Physical Science Basis. Contribution of Working Group I to the Fifth Assessment Report of the Intergovernmental Panel on Climate Change [Stocker, T.F etal. (eds.)]", Cambridge University Press (2013)

14) 土木学会海岸工学委員会地球環境問題研究小委員会："地球温暖化の沿岸影響——海面上昇・気候変動の実態・影響・対応戦略"，土木学会，p.221（1996）

15) K. Emanuel: "Downscaling CMIP5 climate models shows increased tropical cyclone activity over the 21st century", PNAS, Vol.110, No.30, pp.12219–12224 (2013)

16) 中村亮太，柴山知也："台風・高潮強度を支配する大気・海洋物理環境場の特定とその影響評価"，土木学会論文集 B2（海岸工学），Vol. 72, No. 2, pp.I_1495–I_1500 (2016)

17) C. Schär, C. Frei, D. Lüthi and H.C. Davies: "Surrogate climate-change scenarios for regional climate models", Geophys. Res. Lett., Vol.23, pp.669–672 (1996)

18) R. Nakamura, T. Shibayama, M. Esteban and T. Iwamoto: "Future typhoon and storm surges under different global warming scenarios: case study of typhoon Haiyan (2013)", Nat. Hazards, Vol.82, No.3, pp.1645–1681 (2016)

19) T.R. Knutson, J.L. McBride, J. Chan, K. Emanuel, G. Holland, C. Landsea, I. Held, J.P. Kossin, A.K. Srivastava and M. Sugi: "Tropical cyclones and climate change", Nat. Geosci., Vol.3, pp.157–163 (2010)

20) S. Wang, S.J. Camargo, A.H. Sobel and L.M. Polvani: "Impact of the tropopause temperature on the intensity of tropical cyclones-an idealized study using a mesoscale model", J. Atmos. Sci., Vol.71, Issue.11, pp.4333–4348 (2014)

21) K. Emanuel, S. Solomon, D. Folini, S. Davis and C. Cagnazzo: "Influence of tropical tropopause layer cooling on Atlantic hurricane activity", J. Climate, Vol.26, No.7, pp.2288–2301 (2013)

22) B.D. Santer, M.F. Wehner, T.M.L. Wigley, R. Sausen, G.A. Meehl, K.E. Taylor, C.

Ammann, J. Arblaster, W.M. Washington, J.S. Boyle and W. Brüggemann: "Contributions of anthropogenic and natural forcing to recent tropopause height changes", Science, Vol.301, pp.479–483 (2003)

23) G. Zappa, L.C. Shaffrey, K.I. Hodges, P.G. Sansom and D.B. Stephenson: "A multi-model assessment of future projections of north atlantic and european extratropical cyclones in the CMIP5 climate models", J. Climate, Vol.26, pp.5846–5862 (2013)

24) M. Mäll, Ü. Suursaar, R. Nakamura and T. Shibayama: "Modelling a storm surge under future climate scenarios: case study of extratropical cyclone Gudrun (2005)", Nat. Hazards, Vol.89, No.3, pp.1119–1144 (2017)

25) M. Mäll, R. Nakamura, Ü Suursaar, and T. Shibayama: "Pseudo-climate modelling study on projected changes in extreme extratropical cyclones, storm waves and surges under CMIP5 multi-model ensemble: Baltic Sea perspective", Nat. Hazards, Vol.102, pp.67–99 (2020)

26) S. Rahmstorf: "A semi-empirical approach to projecting future sea-level rise", Science, Vol.315, No.5810, pp.368–370 (2007)

27) R.E. Kopp, A.C. Kemp, K. Bittermann, B.P. Horton, J.P. Donnelly, W.R. Gehrels, C.C. Hay, J.X. Mitrovica, E.D. Morrow and S. Rahmstorf: "Temperature-driven global sea-level variability in the Common Era", PNAS, Vol.113, No.11, pp.E1434–E1441 (2016)

28) 堀江岳人，田中仁："近年の気候変動が北海道水産業に与える影響 ～近年の事例を基にして～", 東北地域災害研究所，第 52 巻，pp.157–162（2016）

29) R.J. Nicholls: "Adaptation options for coastal areas and infrastructure: 4 an Analysis for 2030", Report to the United Nations Framework (2007)

30) M.L. Jamero, M. Onuki, M. Esteban, X.K. Billones-Sensano, N. Tan, A. Nellas, H. Takagi, N.D. Thao and V.P. Valenzuela: "Small-island communities in the Philippines prefer local measures to relocation in response to sea-level rise", Nat. Clim. Chan., Vol.7, pp.581–586 (2017)

付録 A

1) T. Shibayama: "Coatal Process", World Scientific（2009）

2) 柴山知也 編著，高木泰士，鈴木崇之，三上貴仁，高畠知行，中村亮太，松丸亮 共著："水理学解説"，コロナ社（2019）

3) R.G. Dean, R.A. Dalrymple: "Water Wave Mechanics for Engineers and Scientists", World Scientific（1991）

4) 西野友年："ゼロから学ぶベクトル解析"，講談社（2002）

5) 内山久雄 監修，内山雄介 著："ゼロから学ぶ土木の基本水理学"，オーム社（2013）

6) 竹内淳："高校数学でわかる流体力学 ベルヌーイの定理から翼に働く揚力まで"，講談社（2014）

付録 B

1) たとえば，矢嶋信男："常微分方程式（理工系の数学入門コース 4)"，岩波書店（1989）

2) たとえば，高橋大輔："数値計算（理工系の基礎数学 8)"，岩波書店（1996）

3) 合田良実："海の波の波長計算プログラム"，土木学会論文報告集，第 179 号，pp.97–98（1970）

4) 岩垣雄一："最新 海岸工学"，森北出版（1987）

索　引

編 著 者 略 歴

柴山　知也（しばやま・ともや）
　1977 年　東京大学工学部土木工学科卒業
　1979 年　東京大学大学院工学系研究科修士課程修了（土木工学専攻）
　1981 年　東京大学助手
　1985 年　工学博士（東京大学）
　1985 年　東京大学講師
　1986 年　東京大学助教授
　1987 年　横浜国立大学助教授
　1997 年　横浜国立大学教授
　2009 年　横浜国立大学名誉教授
　2009 年　早稲田大学教授
　　　　　現在に至る

著 者 略 歴

髙木　泰士（たかぎ・ひろし）
　1997 年　横浜国立大学工学部建設学科土木工学コース卒業
　1999 年　横浜国立大学大学院工学研究科博士課程前期修了（人工環境システ
　　　　　ム学専攻）
　1999 年　五洋建設株式会社
　2005 年　横浜国立大学助手
　2008 年　博士（工学）（横浜国立大学）
　2008 年　五洋建設株式会社
　2010 年　独立行政法人国際協力機構
　2011 年　東京工業大学准教授
　　　　　現在に至る

鈴木　崇之（すずき・たかゆき）
　1998 年　横浜国立大学工学部建設学科土木工学コース卒業
　2000 年　横浜国立大学大学院工学研究科博士課程前期修了（人工環境システ
　　　　　ム学専攻）
　2000 年　日本建設コンサルタント株式会社（現 いであ株式会社）
　2004 年　横浜国立大学大学院工学府博士課程後期修了（社会空間システム学
　　　　　専攻），博士（工学）
　2004 年　米国オレゴン州立大学客員研究員
　2004 年　横浜国立大学大学院工学研究院非常勤教員（助手相当職）
　2005 年　独立行政法人（現 国立研究開発法人）港湾空港技術研究所 海洋・
　　　　　水工部任期付研究官
　2009 年　京都大学防災研究所助教
　2010 年　横浜国立大学准教授
　2021 年　横浜国立大学教授
　　　　　現在に至る

三上　貴仁（みかみ・たかひと）
　2010 年　早稲田大学理工学部社会環境工学科卒業
　2011 年　早稲田大学大学院創造理工学研究科建設工学専攻修士課程修了
　2014 年　早稲田大学大学院創造理工学研究科建設工学専攻博士後期課程修了，
　　　　　博士（工学）
　2014 年　早稲田大学理工学術院国際教育センター講師
　2017 年　東京都市大学工学部都市工学科准教授
　2020 年　東京都市大学建築都市デザイン学部都市工学科准教授（学部名称の
　　　　　変更に伴う）
　　　　　現在に至る

髙畠　知行（たかばたけ・ともゆき）
　　2010 年　早稲田大学理工学部社会環境工学科卒業
　　2012 年　早稲田大学創造理工学研究科修士課程修了（建設工学専攻）
　　2012 年　大成建設株式会社技術センター
　　2017 年　早稲田大学創造理工学研究科博士後期課程修了（建設工学専攻），
　　　　　　　博士（工学）
　　2018 年　早稲田大学理工学術院総合技術研究所次席研究員（研究院講師）
　　2021 年　近畿大学准教授
　　　　　　　現在に至る

中村　亮太（なかむら・りょうた）
　　2013 年　早稲田大学創造理工学部社会環境工学科卒業
　　2014 年　早稲田大学大学院創造理工学研究科（建設工学専攻）修士課程修了
　　2017 年　早稲田大学大学院創造理工学研究科（建設工学専攻）博士後期課程
　　　　　　　修了，博士（工学）
　　2017 年　豊橋技術科学大学助教
　　2019 年　新潟大学助教
　　2020 年　新潟大学准教授
　　　　　　　現在に至る

松丸　亮（まつまる・りょう）
　　1986 年　横浜国立大学工学部土木工学科卒業
　　1986 年　日本海洋掘削株式会社
　　1987 年　株式会社パシフィックコンサルタンツインターナショナル
　　1998 年　横浜国立大学大学院工学研究科博士課程前期修了（計画建設学専攻）
　　2005 年　有限会社アイ・アール・エム　代表取締役社長
　　2010 年　横浜国立大学大学院工学府博士課程修了（社会空間システム学専攻），
　　　　　　　博士（工学）
　　2013 年　東洋大学教授
　　　　　　　現在に至る

執筆分担：

柴山知也　序章，付録 C

髙木泰士　4 章，コラム（4 章内）

鈴木崇之　3 章

三上貴仁　1 章，付録 B

髙畠知行　2 章 2.1，付録 A

中村亮太　2 章 2.2，5 章

松丸　亮　コラム

編集担当　富井　晃（森北出版）
編集責任　藤原祐介（森北出版）
組　　版　中央印刷
印　　刷　同
製　　本　協栄製本

海岸工学
よくわかる海岸と港湾
© 柴山知也・髙木泰士・鈴木崇之・三上貴仁・髙畠知行・中村亮太・松丸亮　2021

2021 年 5 月 25 日　第 1 版第 1 刷発行　　【本書の無断転載を禁ず】

編　　者　柴山知也
著　　者　柴山知也・髙木泰士・鈴木崇之・三上貴仁・
　　　　　髙畠知行・中村亮太・松丸亮
発 行 者　森北博巳
発 行 所　森北出版株式会社
　　　　　東京都千代田区富士見 1-4-11（〒102-0071）
　　　　　電話 03-3265-8341／FAX 03-3264-8709
　　　　　https://www.morikita.co.jp/
　　　　　日本書籍出版協会・自然科学書協会　会員
　　　　　JCOPY ＜（一社）出版者著作権管理機構　委託出版物＞

落丁・乱丁本はお取替えいたします.

Printed in Japan／ISBN 978-4-627-49661-3